# TRAITÉ

## DE

# L'AMÉLIORATION

## DES LIQUIDES

### TELS QUE

**VINS, ALCOOLS, EAUX-DE-VIE, LIQUEURS, KIRSCHS, RHUMS, BIÈRES, CIDRES, POIRÉS & VINAIGRES**

CONTENANT :

LES MEILLEURES RECETTES POUR LA FABRICATION DES LIQUEURS
AVEC OU SANS DISTILLATION,
LES VINS DE LIQUEURS, SIROPS, VINAIGRES, ETC., ETC.
LA MANIÈRE DE DÉGUSTER, RECONNAITRE
ET CLASSER LES VINS, ETC., ETC.

### Par V.-F. LEBEUF

Membre de plusieurs Sociétés savantes.

## A PARIS

CHEZ M. CHAMEROT, LIBRAIRE
13, RUE DU JARDINET, 13.
1861.

# TRAITÉ

## DE

# L'AMÉLIORATION

## DES LIQUIDES.

# TRAITÉ

DE

# L'AMÉLIORATION

## DES LIQUIDES

TELS QUE

VINS, ALCOOLS, EAUX-DE-VIE, LIQUEURS, KIRSCHS, RHUMS,
BIÈRES, CIDRES, POIRÉS & VINAIGRES

**CONTENANT :**

LES MEILLEURES RECETTES POUR LA FABRICATION DES LIQUEURS
AVEC OU SANS DISTILLATION,
LES VINS DE LIQUEURS, SIROPS, VINAIGRES, ETC., ETC.
LA MANIÈRE DE DÉGUSTER, RECONNAITRE
ET CLASSER LES VINS, ETC., ETC.

### Par **V.-F. LEBEUF**

Membre de plusieurs Sociétés savantes.

---

A PARIS

CHEZ M. CHAMEROT, LIBRAIRE

13, RUE DU JARDINET, 13.

1861.

# INTRODUCTION.

Il existe beaucoup d'ouvrages sur la fabrication des vins, alcools, eaux-de-vie, liqueurs, vins de liqueurs, cidres et vinaigres ; il n'y en a aucun qui soit spécial à l'amélioration de ces liquides. Cependant, un tel ouvrage est des plus utiles ; car, jusqu'à ce jour, la routine a été le seul guide que l'on ait suivi, soit pour les bonifier, soit pour les guérir de leurs maladies. C'est dans l'intention de combler cette lacune que nous avons publié cette brochure.

Il nous a paru de la plus haute importance de mettre sous les yeux des commerçants les moyens d'améliorer *sainement* les liquides, en corrigeant leurs défauts naturels ou accidentels et en développant leurs qualités. Aux recettes empiriques, inefficaces ou même nuisibles, nous avons substitué des formules pratiques, raisonnées, déjà sanctionnées par l'usage et dont nous garantissons l'efficacité.

Nous avons présenté les choses suivant l'ordre de leur importance relative, en commençant par le vin, les alcools, pour finir par le vinaigre et les vins de liqueurs. Nous avons écarté les définitions et les descriptions scientifiques et théoriques, pour éviter les longueurs et être plus intelligible.

Ce travail laisse sans doute à désirer ; mais nous nous proposons de le compléter dans une prochaine édition ; aussi, dans l'intérêt général, nous engageons ceux qui auraient des observations à nous faire, des renseignements à nous fournir ou à nous demander, à s'adresser à nous *franco*, et nous en tiendrons compte s'il y a lieu.

# TRAITÉ

## DE

## L'AMÉLIORATION DES LIQUIDES.

### DU VIN.

*Fabrication. — Refermentation des marcs. — Conservation. — Clarification. — Amélioration. — Coupage. — Vieillissement. — Bouquet et arôme. — Alcoolisation. — Transport par mer. — Maladies. — Dégustation.*

*Fabrication.* — Il n'est pas dans notre plan d'entrer dans de grands détails sur la fabrication du vin ; il y a assez d'ouvrages spéciaux qui traitent de cette matière pour que nous nous dispensions d'en parler.

Cependant, comme on ne peut trop vulgariser les bonnes méthodes, nous allons indiquer succinctement la manière rationnelle de faire le vin. Les quelques lignes que nous consacrerons à ce sujet seront un hors-d'œuvre inaperçu de ceux qu'il n'intéressera pas, mais qui pourra avoir son utilité pour beaucoup d'autres.

Un vin bien fait est toujours agréable et susceptible de se conserver et de s'améliorer ; un vin mal fait, souvent n'est propre ni à être bu, ni à être brûlé, ni à être converti en vinaigre. Il est donc indispensable de s'attacher à lui donner toutes les qualités naturelles possibles ; car c'est le point de départ de toute amélioration.

Rien n'est plus facile que de bien faire le vin. Voici la *recette* théorique et pratique la plus sûre, la plus rationnelle, et peut-être aussi la plus simple et la plus économique :

1° Ne mélangez pas le raisin sain et mûr avec celui qui ne l'est pas. Rejetez les raisins pourris ou verts ou faites les fermenter à part.

2° Ecrasez la vendange soit au moyen d'une paire de cylindres, soit au moyen d'une fouloire, ou dans une cuvelle ; car c'est la fluidité du moût qui donne une fermentation régulière et complète. Ne souffrez jamais que des hommes nus descendent dans votre cuve, c'est une opération aussi incomplète qu'elle est dégoûtante.

3° Remplissez votre cuve le plus rapidement possible.

4° Une température un peu élevée est nécessaire pour que la fermentation s'établisse. Il faut au moins 10 à 12 degrés dans le nord et 12 à 14 dans le midi ; au-dessus de ces températures, la fermentation devient trop rapide et violente ; au-dessous, elle est trop lente et incomplète.

Quand la température est trop basse il faut l'élever en faisant chauffer du moût jusqu'à l'ébullition, qu'on jette dans la cuve, non quand elle est pleine, mais au tiers seulement, afin de répartir également la chaleur.

Avant de faire bouillir le moût, il faut avoir le soin de le passer au travers d'un tamis ou d'un linge pour en séparer les pellicules, les pépins, etc., qui donneraient un goût désagréable au vin.

On s'assure du degré de température en plongeant un thermomètre dans la cuve.

Il faut éviter que la fumée se rabatte sur le moût quand il est dans la chaudière où on le fait chauffer, car autrement il contracterait un goût qu'il serait bien difficile d'enlever.

Si la température est trop élevée, il faut l'abaisser en remplissant la cuve lentement, en vendangeant le matin et le soir seulement, en mettant la vendange dans un endroit frais avant de l'enfermer dans la cuve; en entourant la cuve de linges mouillés avec de l'eau fraîche.

5° Le moût de raisin pèse au gleucomètre de 6 à 16 degrés Baumé. A 6 degrés, la fermentation est rapide et le vin est faible, à 16 degrés, elle est lente et le vin est très-fort en alcool. La meilleure densité est de 9 à 11 degrés; de là la nécessité d'élever l'une et d'abaisser l'autre.

On élève la densité du moût en en faisant évaporer une partie à la moitié de son volume, ou en exposant la vendange à l'air et au soleil avant de la mettre dans la cuve; c'est ce que Cadet-de-Vaux nomme la maturité de miellation. On l'abaisse en y mettant de l'eau; mais dans ce cas il faut laisser le moût à sa plus haute densité, soit 12 ou 13 degrés.

6° Pour éviter le renfoncement du *chapeau* de la cuve, il faut mettre sur la vendange un faux-fond chargé, pour qu'il plonge dans le liquide : cela fait, on met des planches sur la cuve et on la couvre avec un paillasson qu'on étend sur ces planches pour la fermer le plus hermétiquement possible; par ce moyen, on empêche l'échappement de l'acide carbonique et par conséquent la formation du vinaigre à la surface de la cuve.

7º La fermentation dure de 5 à 15 jours, selon la température. En suivant le mode que nous venons d'indiquer, elle sera terminée en 4 jours ou 7 au plus. On peut néanmoins laisser le vin sans décuver pendant trois semaines. si l'on ne craint pas qu'il prenne le goût de la râfle, goût qui du reste disparaît après un soutirage et un collage.

8º L'instant de décuver est lorsque le moût ne marque plus que 1 degré Baumé, ou environ 12 à 15 heures après ; car, alors, il est presque descendu à zéro ; et s'il reste encore un peu de sucre, la fermentation qui se produit ou se continue dans le fût achève la transformation de ce sucre en alcool.

Chaptal a conseillé d'augmenter la densité du moût avec du sucre ; malgré tout ce qu'en a dit ce savant, nous croyons qu'il est préférable d'agir comme nous l'avons indiqué, surtout dans les années où le vin est abondant et les futailles à un prix élevé. Nous réservons le sucrage pour la refermentation, au besoin ; par ce moyen, nous avons un vin premier qui est parfaitement pur et un vin second aussi bon que le premier le serait avec le sucrage.

*Sucrage, refermentation.* — Dans certaines années, assez rares, la refermentation pourrait ne pas présenter d'avantages ; par exemple quand le vin est mauvais, abondant, de peu de garde, d'un prix très-bas et la futaille à un prix exorbitant ; mais dans toute autre circonstance la refermentation offre de grands avantages ; car elle permet de doubler en quelque sorte la récolte.

Pour opérer la refermentation, il faut procéder comme il suit :

Au marc. qui a produit 10 pièces de vin, ajoutez :

Eau chauffée à 50 degrés . . .     5 pièces.
Sucre, quantité suffisante pour
   que l'eau marque . . . . . .     8 deg. Baumé.
Ferment ou levûre de bière. .     1 kilo.

On fait chauffer l'eau à 45 ou 50 degrés environ, on y délaie du sirop de fécule blanc ; la masse se trouve réduite alors à 34 ou 36 degrés. On verse ce moût sur le marc qu'on a replacé dans la cuve, après le pressurage qu'on n'a fait qu'incomplètement, et on brasse le tout pour mélanger ; puis on ajoute le ferment après l'avoir délayé dans 10 ou 12 litres du moût, on le verse dans la cuve, on brasse de nouveau jusqu'à ce que la température soit abaissée à 25 dégrés, et on opère comme pour la vendange ordinaire.

Si l'on tient plus à la quantité qu'à la qualité, on peut doubler la dose d'eau et de sucre, et tripler celle de ferment.

*Conservation du vin.* — L'usage presque général est de conserver le vin dans de petits fûts de 120 à 300 litres, excepté dans le midi où on le loge dans des pipes de 5 à 600 litres et dans des foudres.

Les vins faibles gagnent à être logés dans de grands fûts ; ils se conservent mieux. Les vins forts, au contraire, sont mieux logés dans de petits fûts : c'est l'inverse qui est pratiqué, comme nous venons de le dire.

La conservation du vin dans de grands fûts est préférable au point de vue de l'économie et de la qualité. Au point de vue de l'économie, parce que plus le fût est petit ; plus la surface est grande, et plus par conséquent, il y a d'évaporation. La surface d'une barrique de 228 litres est d'environ deux mètres, tandis qu'elle n'est que d'un tiers de mètre dans les foudres de grande dimension, par chaque fraction de 228 litres : cela parce que les surfaces ne croissent pas en raison des capacités. Au point de vue de la qualité, parce que la combinaison est plus intime et le bouquet plus parfait, la force alcoolique plus grande.

Quelle que soit la capacité des fûts dont on se sert, il faut :

1° Que le vin y soit logé après un bon soutirage ;

2° Que le fût soit entièrement plein et hermétiquement fermé ;

3° Que la température soit constamment la même, ou tout au moins peu variable, ni trop sèche, ni trop humide ;

4° Que la cave soit saine et éloignée des rues fréquentées par les voitures, à l'abri du soleil, des eaux, des matières fermentescibles et des gaz ou miasmes de toute nature.

Tout vin peut être employé au remplissage des fûts quand il s'agit de vins d'Argenteuil et de Suresnes ; mais il n'en est pas de même quand ce sont des vins fins ; il faut alors employer les mêmes vins et du même âge.

Pour remplir (*ouiller*) les tonneaux, on doit se servir d'un entonnoir à pomme, plongeant d'au moins 30 centimètres dans le vin ; on verse alors doucement le liquide, afin que s'il y a des fleurs (champignons blancs) elles puissent sortir par la bonde. A cet effet, on frappe légèrement sur le fût avec un morceau de bois : le dégagement et le départ des bulles d'air entraînent avec eux les corps surnageant sur le liquide.

On doit soutirer les vins tous les ans, avant l'équinoxe de printemps, par un temps clair et froid. Certains vins faibles ne doivent être collés qu'une seule fois avant la consommation ou la mise en bouteilles. Cette exception est très-rare ; les vins qui ne peuvent supporter deux ou trois colles sont de peu de garde et destinés à être consommés dès la première année ; tels sont, par exemple, les petits vins des environs de Paris.

Quelle que soit la nature du vin, il est indispensable qu'il soit limpide : car le défaut de transparence est l'indice d'une fermentation sourde qui détermine une maladie dans un espace de temps plus ou moins rapproché.

*Clarification.* — Il existe un grand nombre de moyens de clarification ; mais tous ne sont pas également bons. On clarifie avec les œufs, la gélatine, la colle de poisson. le sang, la corne de cerf râpée, diverses poudres qui sont dans le commerce, le lait écrêmé, etc. Chacun a son moyen de prédilection, sans s'être rendu compte exactement du choix qui est dû au pur hasard. Cependant, il n'est pas indifférent d'adopter un agent en rapport avec la nature des vins à clarifier. Le plus mauvais guide qui ait présidé à ce choix c'est l'économie. Il ne suffit pas seulement de clarifier, il faut encore le faire sans détériorer le liquide ; sans attaquer ni la couleur ni le bouquet du vin ; surtout sans y introduire un principe de décomposition, de fermentation ou de maladie, et sans faire un déchet trop considérable.

Il faut que l'agent de clarification soit en rapport avec les principes qui constituent le vin. De même qu'un seul remède ne guérit pas toutes les maladies, de même un seul agent ne saurait précipiter ou détruire les principes divers qui rendent le vin trouble ou malade. Les vins du Midi contiennent une surabondance de sucre et de mucilage non alcoolisés, ceux de la Gironde ont beaucoup de tannin, et ceux de la Bourgogne en sont presque dépourvus. Les vins de ces trois grands crûs peuvent donc être troubles ou malades par des causes entièrement opposées : donc le même agent ne saurait ni les éclaircir ni les guérir.

Nous rejetons les œufs, parce qu'un œuf pourri peut gâter une pièce de vin ; parce que leur action est lente, souvent incomplète et qu'ils ne précipitent pas en un dépôt assez compact ; c'est-à-dire, qu'ils font en moyenne de cinq à six litres de lie par pièce de 228 litres.

Nous rejetons la gélatine pour tous les vins qui ne sont pas trop colorés, parce qu'elle décolore avec énergie, qu'elle laisse parfois un goût désagréable, surtout dans les vins peu alcooliques, qu'elle fait une lie considérable (quelquefois jusqu'à sept ou huit litres) parce qu'elle enlève aux vins le tannin qu'ils contiennent, qu'elle y introduit un principe de fermentation acéteuse, et qu'elle nuit à la conservation des vins du Midi et de la Bourgogne, en leur soustrayant un principe qui est déjà en trop faible quantité dans leur composition.

Nous rejetons la colle de poisson par les mêmes raisons que la gélatine.

Nous rejetons le sang de bœuf frais ; parce qu'il nous répugne de boire une solution de ce liquide albumineux, qui contient des sels étrangers et une eau animale qui s'identifie au vin.

Nous rejetons la corne de cerf, le silex ou pierre

à fusil et une foule d'autres ingrédients, parce que nous considérons leur action comme nulle ou accidentelle.

Nous avons adopté pour nous l'usage de quelques poudres (*voir aux produits œnologiques*), parce que nous en connaissons les effets prompts, sûrs et économiques. Nous recommandons, surtout : la *Poudre anglaise*, la *Poudre des vins du Midi*, la *Poudre des vins de Bourgogne* et la *Poudre des vins de Bordeaux*. Nous les préférons aux œufs, à la gélatine, etc , etc., parce qu'elles ont des avantages incontestables sur eux.

1° Elles produisent une lie plus épaisse , plus compacte, plus lourde et moins volumineuse ;

2° La lie produite par ces poudres ne remonte pas dans le vin ;

3° Leur effet est persistant, c'est-à-dire qu'un vin collé et éclairci par ce moyen, qui serait remué et troublé après clarification, se recolle à nouveau, seul par le repos, ces poudres agissant de rechef à chaque dérangement du tonneau sans qu'il soit besoin de recourir à une nouvelle dose de poudre.

L'emploi de cette poudre est très-simple et très-facile. Voici comment on doit opérer : versez sur la poudre de l'eau froide, en assez petite quantité pour en faire d'abord une pâte que vous pétrissez avec une spatule en bois ou le dos d'une cuiller ; cela fait, continuez de verser de l'eau froide pour en faire une bouillie épaisse, puis une bouillie très-claire que vous rendrez encore plus liquide en ajoutant jusqu'à un ou un litre et demi d'eau pour une pièce de 230 litres. Alors, fouettez jusqu'à ce que la solution soit très-mousseuse, versez dans le fût et agitez vivement avec un bâton fendu en quatre ou deux lattes de cave. Posez la bonde légèrement sur le tonneau, pour laisser un peu d'air ; trois ou quatre jours après, bondez à fond. La clarification a lieu, la plupart du temps, en 48 heures. Comme moyen de clarification de route, c'est le plus parfait. Le vin collé avec des blancs d'œufs ou de la gélatine au départ, s'il reste plus d'un mois en voyage, peut ne s'éclaircir que difficilement ou même se gâter : ces inconvénients ne sont pas à craindre avec les poudres ci-dessus.

*Amélioration.* — On améliore les vins de cent manières, par des soins journaliers à toute époque de leur existence et par une foule de procédés plus ou moins connus. Les principaux sont ceux qui consistent dans l'art de les faire vieillir naturellement ou artificiellement, de développer leur bouquet ou de leur en donner, de pratiquer des coupages de vins hétérogènes ; tous ces moyens sont l'objet de chapitres spéciaux dans cet ouvrage ; celui dont nous voulons parler ici consiste : 1ᵈ dans l'amélioration par les bonnes lies, les dépôts de vins vieux ; 2° dans la décomposition des principes qui rendent le vin acide, dur, âpre et astringent, et qui en masquent le bouquet ou l'arôme ; 3° dans la correction des vices naturels.

L'amélioration par les lies et dépôts n'est pas nouvelle, elle date de plusieurs siècles ; c'est pourquoi elle est oubliée. Tous les jours on jette des dépôts, des lies et fonds de bouteilles résultant du soutirage et du dépotage des vins vieux, sans se douter des qualités merveilleuses qu'ils possèdent : on ignore qu'un décilitre de ces dépôts suffit pour donner à plusieurs litres de vin un bouquet fin comme l'ambre et parfumé comme la rose ; à produire une transparence égale à celle du cristal.

Les Romains conservaient avec un soin minutieux, et comme choses précieuses, les lies de vins fins et vieux, les dépôts et jusqu'aux vases qui les avaient contenus. Ils savaient que le vin qu'on remet dans ces vases et sur ces dépôts contracte très-rapidement le goût et le parfum de celui qui en est sorti. Le temps, qui modifie ou détruit tout, a, par des raisons faciles à apprécier, fait perdre et oublier cet usage.

Pour nous, un dépôt de vin vieux a un prix inestimable. Bien souvent nous avons eu l'occasion d'en faire l'expérience, et toujours le résultat a été couronné de succès.

En 1848, le hasard fit tomber entre nos mains une petite barrique (100 litres) de vin de Roussillon, qui était restée dix à douze ans en transit, dans une maison de roulage où elle avait été soigneusement conservée, mais sans remplissage. Ce vin avait perdu toute sa couleur, il était devenu jaune comme de la bière, et un dépôt considérable s'était formé. Le fût vide, nous l'avons rempli avec du vin ; nous l'avons brassé, et après trois ou quatre mois ce vin était excellent. Nous avons employé le dépôt pendant plusieurs années de la même manière, et toujours le vin traité de la sorte se bonifiait rapidement et sensiblement. Ce n'est qu'en 1856 ou 57 que des circonstances imprévues nous privèrent de ce précieux dépôt que nous avons regretté et que nous regrettons encore.

Nous avons opéré sur des lies et dépôts de bon vin vieux de Beaune, les résultats ont été exactement les mêmes.

Pour opérer en grand il faudrait employer un appareil spécial, afin d'éviter certains inconvénients tels que l'évaporation du bouquet et la perte d'une partie du liquide. Il suffirait pour cela d'un appareil fort simple dont voici la description :

Placez plusieurs foudres debout sur leur fond, sur des chantiers élevés de 50 centimètres ; laissez un espace vide de 40 centimètres entre chacun d'eux ; placez un tube au milieu de la hauteur de chaque foudre et introduisez-le dans le foudre suivant à 40 centimètres du fond, de manière que lorsque le premier fût sera à moitié plein, le liquide s'écoule dans le second, du second dans le troisième et ainsi de suite jusqu'au dernier.

Pour que tous les fûts soient pleins, on élève le premier de 50 à 60 centimètres de plus que les autres, afin que la pression du liquide opère le plein parfait dans toute la série.

On perce un trou de fosset dans le fond supérieur afin que l'air puisse s'échapper, et on le bouche quand le liquide coule.

Il est inutile d'ajouter que les tubes de conduite doivent être en étain ou en verre recouvert de bois, et que le tout doit être solidement fixé.

Cet appareil présente les avantages suivants :

1° Il prive d'air les vins ; 2° il rend homogène toute une récolte et même des cuvées de vin différents ; 3° il communique aux vins nouveaux (d'un an au moins) le goût, le parfum et les qualités des vins vieux ; il vieillit les vins ; 5° il supprime la mise en bouteilles, attendu qu'on peut embouteiller au moment de la vente et économiser ainsi le prix des vases et les pertes en résultant, sans nuire à la qualité du vin.

On améliore encore les vins en détruisant, avons-nous dit, l'âpreté, la dureté, l'astringence et leurs vices naturels ; comme l'excès ou le défaut de coloration, le goût de terroir, etc., etc. Le premier résultat s'obtient en 48 heures, au moyen de l'emploi du *Vieillisseur des vins* (*voir aux produits œnologiques*). Pour employer ce produit chimique, il faut :

1° Délayer la substance dans un ou deux litres d'eau filtrée ;

2° Verser la solution dans le fût et agiter vivement ;

3° 24 heures après, agiter de nouveau et coller à la *Poudre anglaise* ;

4° Soutirer après un mois de repos.

Quand aux vins trop colorés, il faut les coller avec la gélatine anglaise (*voir aux produits œnologiques*), les soutirer dans un fût légèrement méché, et recommencer le collage s'il est besoin. On doit doubler la dose et mettre une tablette au moins la première fois, et les deux tiers ou la moitié la seconde.

Pour coller à la gélatine, il faut : la mettre ramollir pendant 4 heures dans de l'eau froide, puis la soumettre à la chaleur modérée d'un réchaud pour la faire dissoudre, et coller avec cette solution toute chaude. La quantité d'eau est d'un litre environ.

Pour les vins sucrés ou restés doux faute de ferment en suffisante quantité, il faut ou ajouter un peu de cette substance telle que des marcs de groseilles, ou de la groseille, ou pratiquer un coupage avec des petits vins du Nord.

Premier procédé, pour une barrique de 230 litres, prenez :

| | |
|---|---|
| Râfles de groseilles (ou groseilles 1 kil.). | 500 gr. |
| Vin chaud à 40 degrés. . . . . . . . . . | 10 lit. |

Mélangez et brassez ensemble, versez le tout dans le tonneau, agitez vivement et laissez agir. La fermentation se déclare très-rapidement et. 20 ou 25 jours après, elle est terminée. On doit laisser un peu d'air à la bonde, pour le dégagement du gaz produit.

Deuxième procédé, pour la même quantité de vin, prenez :

| | |
|---|---|
| Conserves de groseilles . . . . . . . . . | 2 litres. |
| Vin chauffé à 40 degrés. . . . . . . . . . | 10 litres. |

Opérez comme il vient d'être dit.

Troisième procédé, prenez :

| | |
|---|---|
| Vin sucré . . . . . . . . . . . . . . . | 10 litres. |
| Vin dur et vert du Nord . . . . . . . . | 70 litres. |

1 sève de Beaune (*voir aux produits œnologiques*).

Mélangez, puis prenez 20 litres du mélange, faites chauffer à 60 degrés, jetez dans le fût et ajoutez la sève de Beaune.

Il arrive très-souvent que les vins sont faibles, faute que le raisin soit parvenu à une maturité complète. Dans ce cas, ils sont de peu de garde, désagréables à boire, relâchan's ou excitants. On y remédie par le procédé suivant :

Pour 230 litres de vin vert et nouveau, prenez :

| | |
|---|---|
| Eau. . . . . . . . . . . | 1 litre. |
| 3\|6 Montpellier. . . . . . . | 3 litres. |
| Vieillisseur . . . . . . . . | 1 dose. |
| Sève de Beaune ou Pomard. . . | 1 flacon. |
| Poudre anglaise. . . . . . . | 35 gr. |

Délayez le vieillisseur dans l'eau, ajoutez le 3\|6, versez dans le fût et agitez vivement. Recommencez d'agiter le lendemain et collez à la poudre anglaise. Soutirez et ajoutez la sève de Beaune ou le Pomard.

Si le vin contient beaucoup de tannin et qu'il soit très-coloré, c'est-à-dire s'il s'agit de gros vins de Bordeaux, modifiez la formule comme suit :

Prenez, pour une barrique de 230 litres :

1 vieillisseur (*voir aux produits œnologiques*).
3\|6 Montpellier de 4 à 6 litres.
1 sève de Médoc ou *extrait de Bordeaux*.
40 grammes gélatine anglaise.

Opérez avec le *vieillisseur* comme il vient d'être dit pour les vins verts; collez et ajoutez en même temps le 3\|6 ; après clarification, soutirez et bondez hermétiquement.

Les vins trop forts se coupent avec les vins faibles, ou on les passe sur des lies de vins vieux. L'appareil dont nous avons parlé plus haut serait d'une grande utilité pour ces sortes de vins. On trouve aussi une grande amélioration en les traitant comme il suit :

Pour une barrique de 230 litres, prenez :

1 vieillisseur (*voir aux produits œnologiques*).
1 Pomard.                    d°

Opérez comme ci-dessus.

Collez à la gélatine et employez le *Pomard*, après le soutirage qui suit le traitement au *vieillisseur*.

La plupart des vins ont un goût de terroir plus ou moins prononcé et plus ou moins désagréable. Quand ce goût est très faible il suffit de coller une fois fortement (à double dose) avec la *poudre anglaise*; mais si le goût est infect il faut recourir au traitement suivant.

Pour 230 litres de vin du Midi ou tout vin fort, prenez :

1 Pomard (*voir aux produits œnologiques*).
1 paquet poudre n° 4.      d°

Collez avec le paquet de poudre, soutirez dans un fut méché après la clarification, ajoutez le *Pomard* et bondez hermétiquement.

Pour les vins de Bourgogne et du centre de la France, prenez :

1 sève de Beaune (*voir aux produits œnologiques*).
1 paquet poudre n° 4.      d°

Opérez comme ci-dessus.

Pour les petits vins et les vins du Nord, prenez :

1 extrait de Bordeaux (*voir aux produits œnologiques*).
1 paquet poudre n° 4.      d°

Opérez comme ci-dessus.

Pour tous on peut en outre ajouter un demi *Rancio des vins* (*voir aux produits œnologiques*), si le vin a un certain prix.

En suivant ces prescriptions, on arrive facilement à rendre ces vins très-potables, surtout si on se donne la peine d'opérer convenablement; car hors de là nous ne garantissons plus les résultats. Ces sortes d'opérations demandent de l'intelligence et de la précision dans l'application des moyens.

*Coupages.* — On appelle coupage l'acte qui consiste à mélanger les vins forts avec les vins faibles, les vins rouges avec les vins blancs, les vins malades avec les vins sains, etc., etc. Cette opération a donc pour but d'utiliser des vins de peu de qualité ou d'augmenter leurs qualités réciproques. En effet, tel vin est rejeté de la consommation parce qu'il est trop faible, tel autre parce qu'il est trop fort. Un mélange fait dans des proportions déterminées donne un bon vin de deux mauvais.

Les coupages les plus usités à Paris, et c'est là surtout où l'on peut les pratiquer, parce que le négociant a tous les vins de France sous la main, sont ceux qui ont pour but d'imiter *de près ou de loin* les Bordeaux et les Bourgogne. Voici les recettes les plus suivies :

*Vin de Bordeaux.* Vin de Mâcon. . . . . . . **1** pièce.
Vin de Tavel. . . . . . . **1** —
Vin blanc du Bugey . . **1** —
Petit vin dur ou vert. . **1** —

Et pour allonger la sauce on ajoute parfois une pièce d'eau ; ce qui est comme l'on sait une fraude punie par la loi. Les maisons sérieuses se gardent bien de la commettre.

*Vin de Bourgogne.* Vin du Cher. . . . . . . **1** pièce.
Vin de Tavel. . . . . . **1** —
Vin de Roussillon ou de
Narbonne. . . . . . **1** —
Vin blanc de l'Yonne. **1** —

Hâtons-nous d'ajouter que ces vins, composés d'éléments hétérogènes, se troublent et qu'une fermentation ne tarde pas à s'établir, comme dans tous les liquides dont les principes ne sont pas identiques ou susceptibles de réagir les uns sur les autres et de se décomposer ; ils déposent, se décolorent, perdent leur bouquet et ne constituent plus qu'une boisson insipide. Plus on les conserve, plus ils perdent de qualités. Ces vins doivent donc être bus dans un très court espace de temps. Cependant, quelques vins habilement coupés se combinent, et, après un collage fait à la suite d'une fermentation sourde ou active produite à l'aide du vin muet, donnent une assez bonne boisson et se conservent assez bien.

*Vieillissement.* — Les vins vieux sont plus agréables à boire, plus généreux, plus bienfaisants que les nouveaux ; en d'autres termes l'excès d'acide tartrique s'est précipité, les matières étrangères ont disparu, les autres se sont combinées, le vin a pris de la limpidité et de la transparence : il a vieilli. On conçoit l'importance du vieillissement du vin et toutes les tentatives qui ont eu lieu, afin de l'obtenir le plus rapidement possible.

Indépendamment du procédé que nous avons indiqué plus haut à l'article *amélioration*, qui est bien au fond une méthode de vieillissement, il y a trois systèmes pour vieillir le vin.

1º Le vieillissement par l'âge, dit *naturel ;*
2º Le vieillissement par l'étuve ou *artificiel ;*
3º Le vieillissement *chimique.*

Le vieillissement naturel, quoiqu'il en soit sera toujours préférable et préféré ; mais les autres ont leur mérite aussi. — Nous ne conseillerons jamais de vieillir soit artificiellement soit chimiquement les grands vins, il faudrait être ennemi de son pays et du bon vin pour donner un tel conseil ; vieillir artificiellement de telles liqueurs ce serait en diminuer les qualités.

Le vieillissement artificiel peut être appliqué aux vins demi-fins, aux *passe-tous grains*, et aux gamets de Bourgogne, à tous les vins intermédiaires. Cependant, nous devons le dire, l'étuve a l'inconvénient de produire l'évaporation spiritueuse, une combinaison forcée qui reste incomplète ; de rendre le vin plus doux, plus sucré, moins frais, ce qui nuit au développement du bouquet, en fixant dans le vin des matières que l'âge en aurait séparées.

Le vieillissement chimique, de même que le vieillissement artificiel, ne convient qu'aux vins intermédiaires et ordinaires, mais il lui est bien supérieur pour les vins nouveaux. Il agit en attaquant directement la cause qui rend le vin âpre, dur, acide, astringent.

On a conseillé de vieillir les vins en plaçant les bouteilles sur des couches chaudes de fumier de cheval ou de mouton ; en le couvrant de foin mouillé et en fermentation. Tous ces moyens ne valent pas l'étuve et sont très-dangereux ; car en les employant on s'expose à de grosses pertes.

Nous n'avons pas besoin d'indiquer la méthode de vieillissement par l'étuve : elle est suffisamment connue ; son nom seul indique assez de quoi il s'agit. Il n'en est pas de même du vieillissement chimique que nous allons faire connaître : il est encore plus simple et plus rapide, et les résultats qu'il donne sont préférables.

Pour vieillir 230 litres de vin, prenez :

1 vieillisseur (*voir aux produits chimiques*);

1 sève de Médoc s'il s'agit de vin de la Gironde ;

1 pomard si l'on opère sur du Bourgogne.
Poudre anglaise, 30 grammes.

Délayez la substance chimique dans deux litres d'eau, versez dans le fût et agitez vivement. — Le lendemain, agitez encore une ou deux fois. — Trois jours après, collez à la *poudre anglaise*, laissez un peu d'air pendant huit jours ; soutirez après clarification dans un bon fût et ajoutez le bouquet soit pomard ou sève de Médoc. — Si le vin a une certaine valeur ajoutez-y encore un *rancio des vins (voir aux produits œnologiques)* ; s'il est très-corsé et coloré, donnez-lui une seconde colle, avant d'y introduire le bouquet. Un mois après l'opération, le vin peut être mis en bouteilles ; on peut être assuré qu'il ne se troublera ni ne déposera pas.

Si l'on avait à opérer sur des vins qui n'eussent ni acidité ni âpreté, c'est-à-dire, peu chargés en acide tartrique on obtiendrait un résultat excellent en les traitant de la manière suivante :

1 rancio des vins *(voir aux produits œnologiques)* ;
1 sève de Beaune.
1 paquet poudre n° 2.

On colle d'abord avec la poudre n° 2, et on soutire après clarification si le vin est bien limpide. Dans le cas contraire, on colle de nouveau avec la *poudre anglaise* sur la première colle ; on soutire et on ajoute le *rancio des vins*, et la sève de Beaune. Cette opération donne un bouquet exquis au vin et le conserve sain, frais et agréable.

Si l'on veut vieillir des vins tendres ; mais peu alcooliques, on y parviendra par le moyen suivant :

3/6 Montpellier à 85°,                    1 litre.
Sève de Médoc (dite Saint-Julien), 1 flacon.

Poudre anglaise,                     25 grammes.

On colle, on ajoute le 3/6 après l'avoir mélangé avec deux litres de vin et la sève de Médoc, et on expédie, ou on met en bouteilles après clarification ; mais il faut alors opérer sur des vins d'un an au moins.

S'il s'agit de vin faible déjà fait, il faudra employer :

3/6 Montpellier. . . . . . . 3 litres.
Sève de Médoc. . . . . . . 1 flacon.
Poudre anglaise. . . . . : . 15 grammes.

Opérez comme il est dit ci-dessus.

Nous trouvons dans un ouvrage la description d'un procédé découvert par M. Ozanne, de Paris, il y a déjà plus de vingt-cinq ans. Voici comment il décrit ce système.

« Je mets dans un vase une certaine quantité de vin nouveau ; après avoir bouché ce vase, je le place dans une certaine quantité de glace, de manière à ce qu'il y soit complètement plongé, afin de faire descendre la température du vin.

« Lorsque le vin a commencé à céder son calorique, je le transvase dans un autre vase placé dans un appareil où l'on a mélangé, en quantité convenable, de la glace préparée avec du chlorure de sodium.

« Après être resté en contact immédiat avec ce mélange réfrigérant, le vin contenu dans le vase se divise en deux parties, l'une solide et l'autre liquide. »

*Bouquet et arôme.* — Qu'entend-on par bouquet ? Beaucoup confondent le bouquet avec le goût de terroir ou goût particulier à chaque crû : c'est là une grande erreur. Le bouquet est toujours agréable et le goût de terroir ne l'est jamais. Le goût de terroir est un *arôme* qui varie suivant les localités, le bouquet est presque toujours le même, quand il est produit par le même plant, et le dégustateur le distingue toujours très-facilement, quoique mélangé d'un arôme. Le pineau franc, par exemple, qui donne les vins fins de la Bourgogne, a un bouquet délicieux qu'on retrouve partout ; partout il est sensible ; mais il varie d'intensité selon la maturité du raisin et du vin, selon le sol et l'exposition de la vigne, selon la manière dont le vin a été traité, etc., etc.

Tous les vins ont donc ou un bouquet ou un arôme. Les vins sans bouquet sont des vins inférieurs dont le prix moyen ne dépasse guère 30 à 60 francs la pièce de 230 litres ; tandis que ceux qui ont du bouquet atteignent sans transition un prix plus que double. On comprend de suite pourquoi on cherche non-seulement le moyen de conserver ou d'exalter le bouquet des vins ; mais encore à leur en donner un artificiel.

Mais, dirait-on, c'est tromper l'acheteur sur la nature de la chose vendue que de lui vendre un vin auquel on a donné du bouquet, puisqu'on le lui vend plus cher. Si on vendait ce vin comme sortant d'un crû tandis qu'il provient d'un autre on pourrait avoir raison ; mais il est permis, non-seulement permis, mais très-loyal et très-marchand de vendre un vin pour ce qu'il est et non pour ce qu'il peut être. Il ne suffit pas qu'un vin soit d'un bon crû, il faut qu'il ait toutes les qualités qu'il peut avoir ; on aurait beau affirmer et prouver qu'un vin est pur Vougeot, s'il est mauvais il ne vaudra pas son prix habituel : donc le vin est susceptible de prendre ou de perdre de sa valeur.

En effet, si l'on vous présentait deux vins de mêmes crû et qualité, l'un trouble et l'autre limpide, lequel prendriez-vous? Si l'on vous offrait deux vins de même nature, l'un ayant un bouquet agréable et l'autre un goût de terroir, de fût, ou de cuve, etc., lequel préféreriez-vous? Votre choix ne serait pas douteux; il est certain que vous préféreriez le vin limpide et celui qui serait parfumé. Pourquoi cette préférence? Parce que vous attribuez au vin limpide et au vin parfumé une plus grande valeur qu'à celui qui est trouble ou qui a un goût désagréable. On voit que toute amélioration du vin est un travail qui doit être rémunéré comme tous les autres. L'acier brut vaut 1 fr. 50 cent. le kilo; converti en ressorts de montre, il vaut 1,500 fr. Le vin de Champagne vaut 25 centimes la bouteille en sortant de la cuve; quand il a été travaillé il vaut 2 fr. 50.

A ceux qui nous diraient que le vin auquel on a donné du bouquet n'est plus naturel et qu'ils préfèrent celui qui n'a pas été travaillé, nous leur demanderons, puisqu'ils tiennent tant au naturel, pourquoi ils font cuire la pâte, brûler le café; pourquoi ils mettent les viandes à différentes sauces, pourquoi ils préfèrent le sucre à la cassonnade; pourquoi ils ajoutent dans tous leurs aliments du sel, du poivre, etc. Il est temps que l'on ne confonde plus améliorer avec frelater; il est utile d'établir une distinction entre ces deux choses; car la confusion est préjudiciable à tous. Il ne faut pas que, sous le prétexte de craindre de faire de la fraude ou de la falsification, on nous fasse boire des vins désagréables, quand on pourrait facilement nous les rendre bons. La routine et l'ignorance n'ont pas besoin de cet épouvantail pour rester engourdies dans la vieille ornière, sans songer à en sortir. Croirait-on qu'il existe encore des localités où l'on pense qu'il est malsain de coller le vin? Cependant on l'y récolte par cent mille pièces.

L'opinion que nous émettons ici sur le bouquet artificiel des vins ne nous appartient pas exclusivement : Chaptal, Lenoir, Cavoleau, Cadet-de-Vaux l'ont exprimée avant nous.

Lenoir a dit : « De toutes les additions que l'on
« puisse faire, celle de l'arôme est celle qui change
« le moins les proportions naturelles des principes
« constituants du vin. Mais, dira-t-on, ce ne sera plus
« du vin naturel ! On pourra répondre par une
« observation dont tout le monde peut apprécier la
« justesse ; c'est que tout vin prend, dans le tonneau
« où on le renferme, dix fois, cent fois peut-être
« plus de matières extractives du bois qu'il ne fau-
« drait y ajouter d'une substance quelconque pour
« lui communiquer un arôme très-prononcé. »

Cadet-de-Vaux, dans son *Ménage des fruits*, dit :
« Tout bon vin a un bouquet, le mauvais n'a qu'un
« goût de terroir. C'est la nature seule qui fait les
« arômes, l'art se borne à les recueillir et à les ma-
« rier. Comment se fait-il que la science ait à dé-
« battre avec le préjugé sur l'emploi de ces arômes
« dans le vin?... Arôme et bouquet sont un accident
« dans le vin, et vraiment l'art dirige beaucoup
« mieux ces accidents là que la nature... Laissons
« les gourmets s'extasier sur les bouquets de la
« nature, comme s'ils étaient autres que ceux de
« l'art, ou si ce sont des bouquets composés, tâ-
« chons de les imiter. Tout cela se réduit à flatter
« l'odorat et le goût. »

Nous pourrions faire un grand nombre de citations analogues, mais celles-ci suffisent pour démontrer

l'utilité des bouquets artificiels et leur parfaite inno-
cuité. L'art de donner des bouquets aux liquides, a
fait d'immenses progrès depuis Cadet-de-Vaux et
Lenoir ; aussi leur importance en est-elle augmentée.
Dans vingt ans, peut-être moins, on ne comprendra
pas comment on buvait des vins durs, acides, d'un
goût détestable, quand pour moins de 2 ou 3 fr.
par pièce on pouvait en faire une boisson saine et
agréable.

On donne du bouquet aux vins à l'aide de diverses
préparations telles que : le *bouquet de Pomard ou de
Bourgogne*, l'*extrait de Bordeaux*, le *rancio des vins*,
la *sève de Beaune*, la *sève de Médoc ou de Saint-
Julien*, la *sève de Chablis*, la *sève de Sillery (voir aux
produits œnologiques)*.

Leur emploi est des plus faciles ; voici en quoi il
consiste :

Si le vin est limpide et propre à être expédié ou
mis en bouteilles, il faut le fouetter, mélanger le
*bouquet* ou la *sève* avec un litre de vin, verser le tout
dans le fût et fouetter de nouveau comme quand on
colle, puis expédier ou mettre en bouteilles huit
jours après.

Si le vin n'était pas limpide, il faudrait le coller à
la *poudre anglaise*, et opérer comme il vient d'être
dit.

Enfin, si le vin avait besoin d'un collage et d'un
soutirage, il faudrait procéder à ces deux opérations
avant d'y introduire le bouquet, afin d'éviter l'évaporation du parfum qui n'est pas encore combiné au
liquide.

Les *bouquets et sèves* conservent le vin, lui donnent
un parfum exquis et tout l'agrément d'un vin vieux

de huit à neuf ans. Un grand nombre de maisons de commerce leur doivent leur fortune et leur vogue.

Si les *bouquets* sont utiles pour les vins ordinaires qui en sont privés, ils sont indispensables pour exalter celui des vins fins ou le leur rendre quand ils l'ont perdu. C'est dans ces circonstances surtout où leur importance est démontrée. En voici un exemple :

Un négociant avait quatre barriques de vin de Bordeaux qui lui avaient coûté 1,350 fr. Deux de ces barriques restèrent débondées pendant près de cinq mois, avec 5 à 8 litres de vidange et elles avaient, soit par une cause soit par une autre, perdu entièrement leur bouquet. Il vint nous consulter en nous disant qu'on ne lui offrait que 160 fr. de chaque barrique. Nous lui conseillâmes d'avoir recours à l'emploi de l'extrait de Bordeaux et de l'employer comme il suit :

Eau-de-vie vieille de Cognac. . . . 1/2 litre.
Extrait de Bordeaux. . . . . . . 1 flacon.

Mélanger les deux produits, y ajouter un litre de vin, fouetter le vin, y verser le mélange. fouetter de nouveau, et bonder très-hermétiquement.

Il suivit exactement la formule, et trois semaines après nous goûtames le vin ; il avait récupéré son bouquet en entier. Un mois plus tard, ce vin fut vendu 410 fr. la barrique, au lieu de 160 fr.

*Alcoolisation.* — On est dans l'usage d'alcooliser les vins provenant de raisins n'ayant pas la quantité de sucre voulue. On alcoolise aussi les vins dans le Midi, dans le Nord et à Bordeaux quand ils sont destinés à être expédiés à l'Etranger ou à faire de longs voyages. Cette addition a donc pour but de réparer le manque de sucre dans la vendange, ou de donner au vin la force de résister aux variations atmosphériques et surtout à l'élévation de la température dans certains climats. Cette méthode qui paraît très-simple au premier coup-d'œil, offre cependant des inconvénients assez graves dans la pratique, comme on va le voir.

1° L'alcool communique au vin son odeur *sui generis* qui s'éloigne toujours de celle du vin ;

2° Il détermine des fermentations qui font naître des corps volatils étrangers et nombreux ;

3° Il conserve le ferment naturel du vin à l'état latent, et par conséquent prolonge la cause des maladies auxquelles les vins sont sujets.

Pour remédier autant que possible, sinon d'une manière complète à ces divers inconvénients, il faut :

1° N'employer que des alcools de vin parfaitement neutres ;

2° Mettre l'alcool dans la cuve au moment où la fermentation commence à décliner ou au moins immédiatement après l'entonnage, afin que le reste de fermentation puisse opérer la combinaison intime de toutes les parties.

3° Il ne faut pas dépasser 5 litres par pièce de 230 litres ; soit au plus, deux et demi pour cent.

4° Pour exciter une combinaison plus intime et plus parfaite, on doit ajouter un peu de vin muet.

A Bordeaux, on alcoolise tous ou presque tous les vins destinés à l'Etranger, et on y ajoute quelques litres de vins forts pour compléter l'opération.

Voici le mode qui nous semble le plus parfait. Pour une pièce de 230 litres, prenez :

Alcool de vin à 85°, bon goût. . . . 5 litres.
Vin d'Espagne ou du Roussillon. . 3 litres.
Vin muet. . . . . . . . . . 2 litres.
Extrait de Bordeaux. . . . . . 1 flacon.

Versez le tout dans le fût, agitez et fermez légèrement la bonde, pour que les écumes puissent passer, s'il arrivait que la fermentation fût vive.

Si vous voulez alcooliser des vins quand la fermentation est terminée, il faut agir comme il suit :

Alcool de vin. . . . . . . . 5 litres.
Vin du Roussillon. . . . . . . 3 litres.
Sucre ou cassonnade. . . . . . 1 kilo.
Extrait de Bordeaux. . . . . 1 flacon.

On fait chauffer à 70° centigrades 10 litres de vin, on les verse dans le fût et on agite ; on tire trois autres litres de vin, on les fait chauffer à 60°, on y fait fondre le sucre et on jette le tout dans le tonneau, et on agite encore ; puis on ajoute le Roussillon et l'extrait de Bordeaux, on agite de nouveau et l'on bonde légèrement.

Une fermentation sourde s'établit au bout de quelques jours et la combinaison commence pour se terminer en huit jours environ.

Les vins ainsi coupés sont solides et de garde ; ils ont du bouquet et se transportent sans inconvénients. C'est ainsi que plusieurs maisons importantes d'exportation traitent leurs vins ; et elles s'en trouvent parfaitement.

Si l'on voulait opérer sur des vins de Bourgogne destinés à être transportés au loin par mer, il faudrait suivre la même marche et de plus ajouter une dose *anti-mer*, comme il sera dit plus bas. Au surplus, les vins de tous les pays peuvent s'accommoder de ce travail.

Si l'on opérait sur des vins forts, mais communs d'origine, et qu'on voulût les affiner et leur donner le bouquet des vins de Bourgogne, il faudrait employer la *sève de Beaune* et le *rancio des vins*. — Si l'on traitait des vins forts du Lot, de l'Aude et de tout le Midi, on suivrait la même méthode en diminuant la quantité d'alcool et augmentant un peu la dose du bouquet et du rancio.

Si l'on avait des vins fins très-faibles, il faudrait, dans la crainte de modifier leur bouquet, opérer autrement en suivant la formule que voici :

3/6 de vin, droit en goût. . . . 1 litre.
Eau-de-vie vieille de Cognac. . 1 litre.
Rancio. . . . . . . . . . 1 flacon.

Et s'ils n'avaient pas assez de bouquet, y ajouter une *sève de Beaune* ou un *extrait de Bordeaux* pour le développer ou l'exalter, en choisissant bien entendu la *sève de Beaune* pour le vin de Bourgogne ou du centre de la France, et l'extrait de Bordeaux pour le vin de Bordeaux ou des contrées voisines.

*Transports par mer.* — Le traité de commerce avec l'Angleterre ouvre de nouveaux débouchés à nos vins ; mais il faut qu'ils soient dans des conditions telles qu'ils puissent satisfaire le goût des Anglais et qu'ils ne contiennent qu'une quantité déterminée d'alcool, pour ne pas voir s'accroître ou même doubler les droits d'entrée.

Les Anglais ont peu de sensibilité au palais ; aussi préfèrent-ils et recherchent-ils les vins forts et très-parfumés. C'est pourquoi, de tout temps ils ont beaucoup prisé les vins d'Espagne et de Portugal, le Scherry et le Porto.

Exporter des vins faibles et sans bouquet en Angleterre serait s'exposer à des déboires certains. La plupart de nos petits vins n'ont pas plus de force que les bières anglaises et jamais ces insulaires n'abandonneront leur boisson nationale pour ces vins. Il est donc de toute nécessité d'approprier nos produits à la vente que nous offrent ces débouchés nouveaux. Pour cela il faut alcooliser les petits vins, comme nous l'avons dit plus haut à l'article *alcoolisation*, et doubler le bouquet indiqué, ou plutôt ajouter une nouvelle dose de parfum lors du départ.

Quant aux vins qui ont une force alcoolique assez grande, il faut en augmenter le parfum et exalter leur bouquet s'ils en ont. On y parviendra en opérant comme il suit :

*Vins nouveaux*. — Poudre graduée, n° 2.   35 grammes
      3/6 de vin. . . .  1 litre.
      Pomard. . . . .  1 flacon.
      Rancio (si le vin a peu
        de bouquet naturel).  1 flacon.

Collez, soutirez, ajoutez le 3/6 et le Pomard après mélange.

Pour les vins vieux, il faut opérer de la manière suivante :

*Vins vieux* : 3/6 de Montpellier. . . .  1 litre.
      Eau-de-vie de Cognac. . .  1 litre.
      Pomard ou Extrait de Bordeaux. . . . . .  1 flacon
      Rancio. . . . . . .  1 flacon.
      Poudre anglaise. . . .  30 gr.

Opérer comme ci-dessus.

Pour les vins de Bordeaux il faut employer l'extrait de Bordeaux pour le vin vieux, et la sève de Beaune pour le vin nouveau.

Les vins de Bourgogne et quelques autres vins pauvres en tannin, souffrent des voyages en mer ; il est alors utile de les préserver des accidents ou maladies qu'ils pourraient contracter dans cette circonstance. Pour cela, il faut recourir au traitement ci-dessus, et de plus ajouter une dose *anti-mer (voir aux produits œnologiques)*.

*L'anti-mer* a pour but de remédier au défaut de tannin, d'empêcher l'aigre, l'amertume, et de donner aux vins la force de supporter les chaleurs tropicales sans s'altérer.

*Maladies.* — Si les vins étaient bien soignés et bien faits, ils ne seraient jamais malades : toutes les maladies sont donc le résultat du défaut de soins ou d'une fabrication vicieuse.

Le symptôme de la maladie chez l'homme c'est la fièvre, dans le vin c'est la fermentation ou le défaut de transparence ; car l'un n'existe pas sans l'autre. Tout vin trouble est malade ou en voie de l'être. Aussitôt que l'on s'aperçoit qu'un vin se trouble et entre en fermentation, il faut chercher à reconnaître quelle est la maladie qu'il charge ; le surveiller, le soigner et lui appliquer un remède convenable et rarement on ne parvient pas à l'arrêter à son début.

L'ignorance fait perdre tous les ans une énorme quantité de vins, en propageant ou recommandant des remèdes empiriques qui achèvent de les gâter. Il faut peu de chose pour guérir une maladie et peu de chose pour l'augmenter. Un rien, un verre d'alcool, un collage approprié, etc., suffisent pour sauver une pièce de vin ; mais tout dépend de la manière d'employer ces remèdes et de les appliquer en temps utile. Une pièce de vin est gras, par exemple, un collage à la poudre n° 3 ou à la poudre des vins gras le guérira en quarante-huit heures ; mais si vous collez ce vin avec de la gélatine il est perdu à tout jamais. Pourquoi ? Parce que dans le vin gras le tannin fait défaut ou est malade et que la gélatine n'agissant que sur le tannin, en le précipitant elle augmente la maladie en détruisant le seul principe qui peut la guérir. La gélatine alors reste en suspension, le vin se trouble, reste louche et finit par se décomposer.

Les principales maladies du vin sont l'aigre, le gras, l'amer, la poussé (absinthé), le moisi, le rance, l'évent, la perte de couleur et le dépôt.

*L'aigre.* — Le vin est aigre en tout ou en partie et il l'est plus ou moins. Cette maladie provient du manque de soins, soit dans la fabrication du vin, soit dans le défaut de remplissage. On prévient l'aigre dans les mauvaises années par l'alcoolisation (voir plus haut).

Si le vin est aigre en totalité et que l'acétification soit très-avancée, il n'y a aucun moyen de rendre ce vin potable : il faut en faire du vinaigre.

Si la partie supérieure du tonneau est seule aigre et que le bas du fût ne le soit pas, il faut faire sortir par la bonde la surface acétifiée, comme nous l'avons indiqué à l'article *Conservation*, au moyen d'un entonnoir à pomme ; soutirer le reste du liquide dans un fût mêché fortement et le coller avec la poudre anglaise. Le remplissage se fait avec du vin nouveau très-fort, et une addition d'un litre à trois litres d'alcool.

Si la totalité du vin est aigre, sans grande intensité, on peut espérer de le rétablir, sinon entièrement, du moins en partie.

On sait que l'acide ou le vinaigre se forme aux dépens de l'alcool. Il faut donc remplacer l'alcool acétifié par une quantité au moins égale d'alcool naturel. Il faut d'abord saturer l'acide formé et restituer au vin aigri l'alcool acétifié. On y parviendra en opérant comme il suit :

Pour une pièce de 230 litres, prenez :

| | |
|---|---|
| Blanc d'Espagne. . . . . . . . | 1 kilo. |
| Poudre des vins aigres. . . . . | 1 dose. |
| Bouquet de Pomard. . . : . . | 1 flacon. |
| 3/6 de vin. . . . : . . . . . | 3 litres. |

Pilez le blanc d'Espagne, jetez le dans dix litres d'eau et agitez vivement, laissez déposer, décantez ; jetez de la nouvelle eau propre et recommencez le lavage, décantez après repos et jetez le dépôt dans votre vin et agitez.

Soutirez au bout de vingt-quatre heures, dans une futaille mêchée fortement ; collez avec la poudre des vins aigres, et ajoutez le *Pomard* et le 3/6 après les avoir mêlés ensemble, puis agitez pendant quelques secondes.

Si ce vin conservait encore quelque pointe d'acide, on pourrait le couper avec des vins nouveaux et plus forts et s'en débarrasser promptement.

Il ne faut pas confondre les vins aigres avec les vins acides ; ceux-ci se désacidifient avec le vieillisseur des vins (*Voir à vieillissement*).

*Vins gras.* — La graisse des vins provient d'une altération du tannin et d'une portion de ferment non décomposé. Cette assertion semble vraie ; car si on ajoute 2 à 3 kilos de sucre par pièce, il s'établit bientôt une fermentation qui rétablit le vin.

Si on ajoute 10 litres de lie fraîche par chaque pièce, le vin se rétablit assez promptemement ; mais alors il perd son bouquet et sa couleur, et la clarification est difficile. Le meilleur moyen est d'employer la poudre des vins gras.

Pour 230 litres de vin rouge gras, prenez :
Poudre des vins gras.   .   .   .   .   1 dose.
Poudre anglaise.   .   .   .   .   .   25 grammes.

Délayez la poudre des vins gras dans un litre d'eau et introduisez-la dans le fût après en avoir retiré 20 litres de vin, fouettez vivement et aussi longtemps que possible ; faites une pâte de la poudre anglaise avec une cuillerée d'eau, ajoutez de l'eau pour en faire une bouillie, fouettez jusqu'à la mousse en continuant d'ajouter de l'eau, versez dans les 20 litres de vin et fouettez cinq minutes. Versez le tout dans le tonneau, donnez un nouveau coup de fouet et bondez légèrement pendant trois ou quatre jours. Alors votre vin sera guéri.

S'il s'agit de vin blanc gras, pour éviter la coloration, prenez :

1 flacon vin gras.
35 grammes poudre graduée n° 3.

Fouettez le vin, introduisez-y le contenu du flacon, fouettez de nouveau vivement. Collez avec la poudre et fouettez encore vivement et longtemps. La guérison sera complète en quelques jours.

Nous avons remarqué que les vins qui cuvent long-temps, ne deviennent que très rarement gras. Sans doute parce qu'étant plus longtemps en contact avec la râfle du raisin, ils extraient une plus grande quantité de tannin et que le ferment est entièrement décomposé, ce qui confirme la théorie ci-dessus.

*Vin amer.* — L'amertume des vins provient à peu près des mêmes causes que celles qui produisent la graisse.

On coupe les vins amers avec des vins forts et jeunes ; on les passe sur des lies fraîches ; mais tous ces remèdes sont lents et onéreux. D'ailleurs, on n'a pas toujours des vins propres à ces coupages et dont on puisse disposer. Voici les deux moyens qui nous ont le mieux réussi. Pour 230 litres, prenez :

1er procédé. Eau. . . . . . . . . . 3 litres.
           Sucre . . . . . . . . . 4 kilos.
           Extrait de Bordeaux. . . 1 flacon.
           3/6. . . . . . . . . . 1 litre.

On fait fondre le sucre dans l'eau bouillante, on tire 20 litres de vin qu'on mélange à ce sirop et on abaisse la température du liquide à 75 degrés ; on verse le tout dans le fût et on fouette pour faire le mélange. On ajoute ensuite le 3/6 et l'extrait de Bordeaux après les avoir mêlés.

Il s'établit une fermentation et le vin se rétablit avec la cessation de ce mouvement.

2e procédé. Préparation des vins amers. 1 flacon.
           Poudre n° 2. . . . . . . 1 paquet.

On mélange le contenu du flacon avec un litre du vin amer et on agite ; on verse dans le tonneau et on fouette. — On colle avec la poudre n° 2 comme d'usage, et on soutire dans un fût où l'on a fait brû ler un peu d'alcool (un demi-litre environ) en deux fois.

Pour éviter l'explosion, on humecte des étoupes ou du coton avec l'alcool, on introduit le tout dans le fût et on y met le feu.

*Vin poussé ou absinthé.* — Pour guérir les vins absinthés ou poussés, il faut procéder comme il suit :

Soutirez dans un fût mêché.
Préparation pour le vin absinthé.   1 flacon.
Poudre   anglaise.   .   .   .   .   .   25 grammes.

Tirez un litre de vin, mélangez avec la préparation, versez dans le fût et fouettez. — Collez avec la poudre comme d'usage.

*Vin moisi.* — Soutirez dans un fût mêché. Prenez la préparation spéciale au vin moisi, collez avec la poudre et agissez comme d'usage.

*Vin rance.* — Soutirez dans un fût mêché; délayez là préparation dans deux litres de vin, fouettez, introduisez dans le fût et ajoutez un pomard, collez à la poudre anglaise.

*Vin éventé.* — Soutirez dans un fût mêché, et opérez comme pour le vin moisi.

*Vin qui perd sa couleur.* — Soutirez dans un fût mêché, et prenez :

3/6 de vin à 85°.   .   .   .   .   .   .   2 litres.
Vin de Narbonne ou vin noir de la
   Loire.   .   .   .   .   .   .   .   ,   .   15 litres.
Poudre anglaise.   .   .   .   .   .   .   20 grammes

Mélangez le 3/6 au vin de Narbonne, introduisez dans le fût et agitez. Puis collez à la poudre anglaise comme d'usage,

S'il s'agit de vin commun, on peut en remonter la couleur comme il suit :

Teinte Bordelaise. . . . . . 2 litres.
3¡6. . . . . . . . . . . 1 litre.
Poudre anglaise. . . . . . 25 grammes.

*Vin qui dépose.* — Dépotez ou soutirez rapidement si le vin est en fût, pour qu'il soit le moins possible en contact avec l'air ; puis, pour 250 litres, prenez :

Sucre candi. . . . . . . 500 grammes.
3¡6 de vin. . . . . . . . 1 litre et demi.
Sève de Beaune. . . . . . 1 flacon.
Poudre anglaise. . . . . . 25 grammes.
Cognac vieux. . . . . . . 1 litre.

Faites dissoudre le sucre candi dans un demi-litre d'eau bouillante, et laissez refroidir ce sirop ; puis ajoutez le 3¡6, et mêlez ; ajoutez le cognac et la sève de Beaune, mélangez et versez le tout dans le fût. — Collez, alors, à la poudre anglaise, mettez en bouteilles après clarification ou soutirez dans un bon fût légèrement mêché ; bondez hermétiquement.

*Dégustation.* — La dégustation a pour but de distinguer, reconnaître et apprécier les qualités du vin.

Tout bon vin est d'une couleur franche ; toute nuance douteuse, variable ou fausse est l'indice certain que le vin est d'une qualité inférieure, et si à cela se joint le défaut de transparence, c'est qu'il est malade ou sur le point de le devenir.

L'odeur du vin indique s'il est agréablement ou désagréablement parfumé, elle sert quelquefois aussi à faire reconnaître le mauvais état des futailles dans lesquelles on l'a logé, son bouquet et quelque peu son âge ; car tout vin nouveau sent le raisin ou la râfle plus ou moins ; puis, les vapeurs qui s'élèvent du vin quand on tient le verre à la main, entraînent avec elles des principes volatils facilement appréciables par celui qui a l'habitude de la dégustation.

Quoiqu'il en soit, il n'y a que la dégustation par la bouche qui puisse donner une appréciation exacte des qualités du vin. Il n'est pas dû à tout le monde de bien déguster ; mais on peut plus ou moins posséder cette science qui est relative à la sensibilité des parois qui tapissent la bouche et à celle des papilles de la langue.

Pour bien déguster, il faut :

1° Humer un peu de vin, en tenant la tête penchée en avant, et le tenir sur la pointe de la langue ; on perçoit alors les diverses saveurs sucrées, acides, astringentes ou styptiques.

2° On relève la tête et on chasse le vin à l'arrière-bouche, où on le retient par une sorte de mouvement de gargarisme ; on perçoit, dans cette position, les goûts de fût, de terroir, de bouchon, l'amertume et la fadeur constitutionnelles ou accidentelles du vin ; sa force ou sa faiblesse alcoolique.

3° On avale le vin qui, en descendant dans l'œsophage, subit une vaporisation qui porte aux voûtes du palais, aux fosses nasales, des odeurs nouvelles, et produit ce qu'on désigne sous le nom de *déboire*, si ce vin a une arrière-goût désagréable.

Le dégustateur expert a bien vite fait d'apprécier les qualités du vin qu'il déguste ; c'est sur l'ensemble de toutes ces sensations qu'il asseoit son jugement. Avec un peu d'habitude on acquiert assez rapidement la science de la dégustation ; mais il faut être doué d'une grande sensibilité dans les organes qui concourent à cette œuvre; autrement on ne peut apprécier et juger que les impressions qu'on éprouve, et il y a telles odeurs qu'on ne sent pas, telles saveurs qu'on ne peut percevoir, par suite d'un vice d'organisation ou d'une cause passagère.

En général, on est impropre à déguster quand on vient de fumer ou de boire des liqueurs, de manger des aliments trop salés ou acides.

La dégustation a pour but de reconnaître les qualités du vin, avons-nous dit. Pour exprimer les impressions produites sur les organes dégustateurs, on emploie un langage spécial, des termes techniques dont la signification peut être interprétée de plusieurs manières; il est donc indispensable de s'entendre avant tout sur la valeur des mots le plus en usage et surtout sur les plus appropriés et les plus expressifs.

*Acerbe*. — Le vin acerbe provient des mauvais cépages, de raisins mal mûris; il produit une sensation désagréable, contracte les lèvres, les parois de la bouche et les papilles de la langue.

*Amer*. — Ce vin a une saveur rude et désagréable à la langue et au palais; il affecte notamment la partie postérieure de la bouche et de la langue, et cette impression dure longtemps après que le vin est passé.

*Apre*. — Vin dur qui contracte les lèvres et la bouche à l'imitation du suc des fruits verts.

*Arôme*. — Goût de terroir plus ou moins désagréable qui persiste après que la liqueur est bue; il est dû au mauvais cépage, aux mauvaises expositions;

à la mauvaise manière de faire le vin, à l'abondance des engrais et au mode de culture.

*Astringent.* — Qui resserre la bouche et contracte
les lèvres *(voir âpre)*.

*Bouquet.* — Odeur agréable qui s'exhale du vin
quand on le met en contact avec l'air : c'est le contraire d'arôme. Le bouquet a beaucoup d'analogie
avec la *sève*.

*Corsé.* — Le vin corsé est celui qui se sent à la
bouche, qui a une certaine consistance, de la force
alcoolique, qui est *vineux, charnu,* chaud plutôt que
froid, liquoreux plutôt que sec.

*Charnu.* — Vin qui a de la consistance, pâteux et
épais.

*Chaud.* — Vin alcoolique qui communique de la
chaleur aux organes de la dégustation et même à
l'estomac quand il est bu ; il produit en petit l'effet
que l'on ressent quand on vient de boire de l'eau-
de-vie.

*Coloré.* — Qui a beaucoup de couleur.

*Délicat.* — Vin qui est d'une constitution parfaite,
dont toutes les parties sont bien combinées entre
elles et qui ne produit que des impressions agréables à la dégustation.

*Ferme.* — Qui a du *nerf,* du corps, de la force, et
qui n'a pas acquis sa maturité.

*Finesse.* — Vin léger et délicat, qu'il appartienne
aux grands vins ou aux vins ordinaires. Vin sans mordant, sans âpreté et dépourvu de tout arôme ou goût
de terroir.

*Fort.* — Vin très-spiritueux, chaud et corsé, généralement un peu épais.

*Généreux*. — Vin qui possède toutes les bonnes qualités possibles, et où toutes les parties sont en bonne harmonie, qu'il soit commun ou fin, aromatique ou séveux.

*Léger*. — Vin agréable, modérément spiritueux et coloré ; mais suffisamment vineux ; plutôt sec que liquoreux.

*Liquoreux*. — Vin légèrement sucré et alcoolique, rappelant plutôt la douceur de la liqueur que l'âpreté du vin sec. C'est le contraire du vin *sec*, *vif*.

*Mâche*. — Vin pâteux, épais, consistant, qui remplit la bouche.

*Moelleux*. — Vin légèrement liquoreux : c'est le contraire des vins secs, acerbes et âpres. Ce vin est coulant ; il ne dessèche ni ne contracte la bouche.

*Mordant*. — Vin qui possède la propriété de transmettre son goût et ses qualités aux autres vins, avec lesquels on le mélange.

*Nerveux*. — Vin à la fois spiritueux et corsé, d'une constitution solide ; ce vin brave les transports et les intempéries.

*Pâteux*. — Vin épais qui remplit la bouche et produit de l'altération comme le fait le sucre ou le sirop.

*Piquant*. — Vin vif, légèrement acerbe et qui a un peu d'âpreté. Vin sec et ordinairement léger. — On dit aussi qu'un vin pique quand il s'aigrit ou tourne au vinaigre.

*Plat*. — Vin sans vinosité, sans force, sans qualités aucunes.

*Savoureux.* — Vin qui a une bonne sève, qui est moelleux et suffisamment corsé.

*Sec.* — Vin légèrement âpre, un peu piquant ; c'est le contraire du vin liquoreux, moelleux et corsé.

*Sève.* Vin qui a du bouquet, une certaine force vineuse, et dont le parfum qui se développe lors de la dégustation embaume la bouche et se fait encore sentir après que la liqueur est bue La sève n'est autre chose que le *bouquet*, seulement, à proprement dire, le bouquet s'applique plutôt au dégagement du parfum qui s'exhale du vin et qui affecte l'odorat. On les confond souvent.

*Velouté.* — Qui flatte le palais et produit une sensation douce et agréable à la bouche et à la langue. Synonyme de moelleux, quoique indiquant les qualités supérieures et plus délicates.

*Vif.* — Vin léger, peu moelleux, un peu âpre, sans être piquant. C'est le contraire de liquoreux.

*Vineux.* — Vin qui a de la force, du goût et qui est très-spiritueux ou fortement alcoolique.

*Caractères particuliers des vins.* — Nous allons essayer de définir, à l'aide des termes techniques que nous venons de passer en revue, les caractères particuliers aux vins des principaux crûs. Chacun des crûs que nous allons citer produit une grande variété de vins dont quelques-uns s'éloignent de la définition que nous en donnons ; mais cette appréciation n'en reste pas moins vraie et à peu près exacte pour les types, et nous pensons qu'une personne complètement étrangère à la dégustation arrivera rapidement à reconnaître et à classer les vins en suivant nos données, surtout si elle possède un palais sensible et *juste* ; car, de même qu'il faut avoir l'oreille juste pour être musicien, de même il faut avoir le goût droit et *juste* pour être dégustateur.

Pour bien percevoir les arômes, les bouquets et sèves, il ne faut pas laisser séjourner le vin trop longtemps dans la bouche; car on fatigue les papilles de la langue et les sensations s'émoussent. Il ne faut pas, non plus, tenir la bouche fermée après que l'on a bu le liquide, mais, au contraire, opérer un mouvement de déglutition et mâcher comme si l'on mangeait, afin de stimuler les papilles de la langue et exalter les odeurs et les saveurs : sans cette précaution elles seraient nulles ou sensiblement amoindries.

*Bordeaux fin.* — Vin nerveux, froid, sec, astringent, coloré, vineux, ferme quand il est nouveau; moelleux, velouté, délicat, légèrement parfumé, d'un bouquet agréable, d'une bonne sève quand il est vieux.

*Bordeaux ordinaire.* — Vin sec, accrbe, astringent, coloré, violet, ferme, vineux, sans-parfum et sans arôme, sève nulle. Ce vin est d'une maturité lente et reste toujours peu délicat et peu agréable à boire.

*Bourgogne fin.* — Vin corsé, vineux, fin, délicat, moelleux, savoureux, généreux. Il possède un bouquet très-riche et très-agréable; vermeil, d'une sève vigoureuse et persistante; spiritueux, coloré, exquis.

*Bourgogne ordinaire.* — Vin très-ferme, un peu âpre, peu aromatique, coloré, corsé; passablement vineux, bouquet léger, sève faible. Les vins de la Basse-Bourgogne sont froids, secs, vifs, peu corsés, peu spiritueux, de sève et de bouquet nuls.

*Champagne rouge.* — Vin léger, peu coloré, un peu ferme; délicat, d'un bouquet agréable, mais peu prononcé, d'une sève délicate ; mais peu persistante. Peu vineux et peu astringent ; il est d'une garde difficile.

*Champagne blanc.* — Mêmes qualités que le vin rouge ; le bouquet est un peu plus fin et la sève plus délicate ; il manque de corps et d'alcoo'.

*Narbonne.* — Vin charnu, chaud, liquoreux, ayant de la mâche ; coloré, pâteux, fort, indigeste, bouquet presque nul ; sève particulière assez agréable quand le vin est bien dépouillé, vigoureuse et un peu amère quand il est vieux.

*Roussillon.* — Vin épais, ayant de la mâche ; alcoolique, fort, coloré, chaud, charnu, lourd, violet, arôme particulier, bouquet nul ; sève vigoureuse quand il est vieux, amère et persistante.

*Rhône.* — Corsé, vineux, chaud, spiritueux, bouquet léger, sève faible assez délicate ; coloré, nerveux, âpre quand il est nouveau ; savoureux et un peu charnu.

*Riceys fins.*— Vin peu connu et qui mérite de l'être ; moins coloré, moins corsé que le Bourgogne, il est agréablement parfumé ; son bouquet est délicat, fin, sa sève exquise, mais faible. On lui reproche d'être très-capiteux parce que son alcool se volatilise promptement. Moins savoureux et moins généreux que le Bourgogne.

*Riceys ordinaires.* — Comme ordinaires de Riceys on vend les vins de Loches, Essoyes, Landreville, etc. Ces vins sont âpres, fermes, légèrement colorés ; ils ont un arôme qui les distingue facilement des Riceys et des Bourgognes. — Froids, peu spiritueux et peu généreux. Ces vins sont violets ; chargés de tartre et manquent de finesse. Ils ont cependant du nerf et pourraient être bons si on savait les dépouiller et les travailler. Ils ont de l'analogie avec les Bordeaux communs ; bouquet et sève nuls.

*Seine-et-Oise et Nord.* — Vins vifs, mordants, acerbes, plats, âpres, durs, chargés de tartre en excès ; piquants parfois, peu colorés ; ils n'ont ni bouquet, ni sève, ni vinosité, mais en revanche un arôme détestable très-prononcé et très-persistant, sans mâche et sans moelleux. Ces vins servent à faire des coupages plutôt qu'à l'alimentation ; il n'y a guère que les habitants du pays qui les consomment en nature.

*Vin d'Alsace.* — Vin sec, léger, peu corsé, peu spiritueux, bouquet faible, délicat, mais fugace, sève légère, peu prononcée, et peu durable.

*Vins du Midi.* — Tous les vins du Midi se rapprochent plus ou moins des Narbonne et des Roussillons. — Mais en général, ils sont moins pâteux, moins lourds, moins colorés et un peu moins chauds.

Le bouquet et la sève se développent plus ou moins rapidement à la dégustation et durent plus ou moins longtemps : les uns, comme le Ricey, produisent leur sève instantanément ; les autres, comme les vins du Midi, ne la laissent percevoir que longtemps après que le vin est bu. Chez les uns la sève persiste longtemps, chez les autres elle passe rapidement : enfin elle a plus ou moins d'intensité, etc., etc. Voici le résultat de quelques expériences faites sur des vins de deux et trois ans.

*Ordre de la perception du bouquet et de la sève.* — 1° Riceys, 2° Champagne rouge, 3° Bourgogne, 4° Bordeaux, 5° Rhône, 6° Tous les vins du Midi ; Roussillon, Narbonne, etc.

*Vigueur et force de la sève et du bouquet.* — 1º Bourgogne, 2º Rhône, 3º Bordeaux, 4º Champagne, 5º Midi, 6º Riceys.

*Durée de la sève et du bouquet.* — 1º Bourgogne, 2º Champagne, 3º Bordeaux, 4º Rhône, 5º Midi, 6º Riceys.

*Finesse et délicatesse de la sève.* — 1º Bourgogne, 2º Bordeaux, 3º Riceys, 4º Champagne, 5º Rhône, 6º Midi.

*Fraicheur de la sève.* —1º Champagne, 2º Bordeaux, 3º Riceys, 4º Bourgogne, 5º Rhône, 6º Midi.

*Force alcoolique des vins.* — 1º Midi, 2º Rhône, 3º Bordeaux, 4º Bourgogne, 5º Champagne, 6º Riceys.

Nous terminions cet article quand on nous a soumis deux échantillons de vin blanc d'Alsace de 1834 et de 1846, et nous sommes au 25 juillet 1860. Voici le résultat de notre dégustation :

1834. Bouquet prononcé décelant un peu d'amertume; sève vigoureuse, amère, rappelant celle des Roussillons vieux.

1846. Bouquet faible, sève légère, vin délicat, peu corsé, goût de pierre à fusil, bouquet fugace.

Nous avons voulu nous rendre compte de l'espace de temps que duraient certaines sensations produites à la dégustation par les arômes, sèves et bouquets, et de l'instant auquel ils devenaient sensibles. Voici le résultat de ces expériences :

La perception a lieu dans l'espace de trois secondes et dans l'ordre indiqué ci-dessus; dans le Riceys elle est instantanée; puis viennent ensuite et rapidement le Champagne, le Bourgogne, etc., successivement.

La durée, à partir du passage de la liqueur, est comme il suit : vins du Midi 10 à 12 secondes, Rhône 14 à 16, Champagne 15, Riceys 16, Bordeaux 17 à 19, Bourgogne 19 à 22. — 7 à 8 secondes plus tard, toute perception est éteinte.

Les arômes exercent une impression beaucoup plus longue : les mauvais goûts persistent plus longtemps que les bons.

L'arôme du vin d'Argenteuil et des environs de Paris, de la récolte de 1859, dure d'une manière désagréable pendant 30 à 35 secondes.

Nous avons bu des vins de Villedieu, Vertaut, Béchinieul, dont l'arôme persistait pendant 55 à 60 secondes.

Indépendamment des sèves, bouquets et arômes, il y a encore l'astringence, cette sensation de contraction qu'on éprouve quand les vins ne sont pas mûrs. Elle ne dure que quelques secondes dans les vins fins et n'a pas beaucoup d'intensité, mais dans les vins du Nord elle contracte violemment les parois de la bouche et même de la gorge, surtout quand le raisin n'a pas acquis une maturité passable.

Le vin d'Argenteuil de 1859 qui est une année exceptionnelle, malgré ses qualités *extraordinaires*, contracte les lèvres, les parois de la bouche pendant 100 à 110 secondes et les papilles de la langue d'une manière très-sensible pendant 80 à 85 secondes.

Quant aux mauvais goûts ils ont différentes manières de se manifester ; tantôt ils se montrent dès l'introduction du liquide dans la bouche, tantôt ce n'est que plusieurs secondes après le passage de la liqueur qu'on les perçoit; dans ce dernier cas on les nomme *deboire*.

Ainsi, certains goûts de moisi ne se perçoivent que 7 à 8 secondes après le passage du vin et persistent pendant 100 à 140 secondes. Le goût de rance n'est souvent sensible qu'après 10 ou 15 secondes, et il persiste pendant 60 à 65 secondes. Nous avons dégusté du vin amer dont l'amertume n'était sensible que 4 à 5 secondes après le passage à la bouche et persistait pendant 230 secondes.

Nous avons dégusté du cassis qui avait un goût de *poussier*. Ce goût ne se manifestait que 12 à 14 secondes après le passage de la liqueur et durait ensuite pendant 40 à 45 secondes.

Dans quelques recherches faites dans l'intention de découvrir par la simple dégustation le mélange des 3/6 d'industrie et notamment le 3/6 de betterave, dans les eaux-de-vie de vin, nous avons trouvé que le goût de ces alcools était couvert plus ou moins longtemps, selon le degré de parfum naturel des eaux-de-vie; mais il se découvrait toujours après un espace de temps qui varie de 20 à 35 secondes, quelle que soit la quantité mélangée. Nous l'avons découvert ainsi dans de l'eau-de-vie de Montpellier très parfumée ; dans des eaux-de-vie de Saintonge même de mauvaise qualité ; dans des eaux-de-vie de cidre, dans du genièvre et de l'absinthe.

On découvre les 3/6 d'industrie très-facilement aussi dans les liqueurs sucrées. Voici à quelles instants ils nous ont apparu dans diverses expériences.

Cassis bon goût. — Le Nord se découvre à partir de 40 secondes après le passage de la liqueur, et il persiste pendant 22 à 25 secondes.

Anisette commune. — Après 30 secondes, durée 35 secondes.

Anisette fine. — Après 40 secondes, durée 22 secondes.

Curaçao. — Après 32 secondes, durée 23 secondes.

Chartreuse imitée. — Après 33 secondes, durée 28 secondes.

Eau-de-vie d'Andaye. — Après 29 secondes, durée 28 secondes.

Kirsch mélangé. — Après 19 secondes, durée 22 secondes.

Huile de roses. — Après 25 secondes, durée 30 secondes.

Raspail. — 43 secondes, durée 20 secondes.

Il résulte de ces expériences que l'arrière-goût du Nord (alcool de betterave), se découvre aussitôt que le parfum est passé et qu'il dure de 22 à 40 secondes : en d'autres termes, plutôt le parfum de la liqueur disparaît, plus la durée de l'arôme de ce 3/6 est longue.

Nous avons dégusté du Nord fin et nous avons trouvé que le goût *sui generis* de cette liqueur, mouillée à 46°, se percevait 2 ou 3 secondes après le passage du liquide et durait ensuite de 60 à 75 secondes, selon la qualité.

Donc, pour que le 3/6 Nord ne se découvrît pas à la dégustation, il faudrait que le parfum des liqueurs, le bouquet et la sève naturelle des vins et eaux-de-vie auxquels il est mélangé durassent au moins 60 secondes ; c'est-à-dire, le temps nécessaire pour qu'il fût éteint. Or, aucun vin, aucune liqueur, aucune eau-de-vie ne se trouvent dans ce cas. Donc, à la simple dégustation il est facile de reconnaître la présence des 3/6 de betteraves, par l'infection qu'ils introduisent dans les liquides auxquels ils sont mélangés.

Nous ne poursuivrons pas plus loin ce travail ; on comprendra facilement qu'on peut le pousser à l'infini ; mais ces données sont des bases suffisantes pour guider le dégustateur dans cette voie. On comprendra aisément, aussi, que certains détails sont sujets à varier en raison de l'âge et de la nature des vins. On sait que plus le vin est nouveau, plus son bouquet est couvert par les matières dont il n'est pas encore dépouillé. Les arômes sont plus ou moins intenses, selon les causes qui les ont fait naître, et selon la puissance de ces causes. Les engrais plus ou moins abondants, plus ou moins nauséabonds, sont des causes qui varient de puissance et d'effets selon le plus ou le moins, selon la saison où ils ont été appliqués et la manière dont ils l'ont été, etc., etc. Il en est de même pour les alcools et les eaux-de-vie, selon la manière dont ils ont été fabriqués, rectifiés ou logés ; selon la durée de la fermentation, la manière dont elle a été dirigée, la qualité ou le choix des matières premières, etc., etc.

## VINS MOUSSEUX.

*Clarification. — Sucrage et alcoolisage. — Amélioration et bouquet. — Vins mousseux par le gaz acide carbonique dits vins factices.*

La fabrication des vins mousseux ne rentre pas dans le cadre de cet opuscule ; il existe d'excellents traités spéciaux que doivent consulter ceux que cette fabrication intéresse.

Il y a deux modes de fabrication ; le premier consiste à travailler le vin et à y déterminer une fermentation qui donne naissance au gaz acide carbonique ; le second consiste à introduire le gaz tout fait dans le vin, à l'aide des appareils à eaux gazeuses.

Il ne nous appartient pas de discuter ici le plus ou le moins de valeur des deux procédés ; nous nous bornerons à dire que celui par les appareils à eaux gazeuses produit des vins d'un prix bien moins élevé, et qu'il tend à vulgariser la consommation des vins mousseux. L'époque est proche peut-être où ces vins se consommeront comme l'eau de Seltz dans des syphons.

Tous les vins blancs sont propres à faire des vins mousseux ; mais il est nécessaire de les travailler pour leur donner ou la force alcoolique, ou la mousse, ou le bouquet. Grâce à ce travail il devient, sinon impossible, du moins très-difficile de distinguer les vrais Champagnes des autres vins, si ceux-ci ont été bien traités.

Les bons vins blancs de Bourgogne et de Bordeaux n'ont pas besoin d'être additionnés d'alcool.

*Clarification.* — Si la limpidité d'une boisson est recherchée, c'est surtout dans le vin mousseux. Un vin mousseux qui ne serait pas limpide ne serait qu'une boisson sans mérite, et tout au plus digne de figurer sur le comptoir d'un marchand de vin.

Nous avons dit à l'article *Clarification des vins* ce que nous pensons de toutes les colles ; il est donc inutile de nous répéter ; mais c'est le moment d'insister plus que jamais sur le choix d'un bon agent de clarification ; aussi recommandons-nous comme tel la *poudre des vins mousseux* (*voir aux produits œnologiques*), non-seulement comme un excellent clarificateur, mais comme le moyen le plus sûr et le plus actif de prévenir et d'arrêter toutes les maladies auxquelles les vins blancs sont sujets.

*Sucrage et alcoolisage.* — La Champagne eut jadis le privilége exclusif de fabriquer des vins mousseux ; mais la consommation s'est accrue à un tel point que bientôt ses vignobles sont devenus insuffisants à les produire et que les fabricants de ce pays furent obligés d'aller emprunter les récoltes de leurs voisins, pour les transformer en *vrais champagnes*. C'est alors que sont nés le sucrage et l'alcoolisage, deux opérations qui avaient pour but de donner du corps aux vins d'emprunt et qui s'étendirent bientôt aux vins de Champagne eux-mêmes ; de telle façon que cette pratique est devenue générale par la force des choses, surtout pour cacher la pauvreté alcoolique des vins des mauvaises années.

Chaque fabricant a sa petite recette ; voici celle qui est employée le plus fréquemment :

Vin blanc. . . . . . . . . 20 litres.
Vieille eau-de-vie de Cognac. . 10 litres.
Sucre candi. . . . . . . . 8 kilos.

On fait dissoudre le sucre dans le vin, on ajoute le cognac et on filtre. Cette sauce suffit pour 300 à 350 litres de vin.

Si ces sauces, celle-ci et toutes les autres imaginées dans le but que nous venons de citer, ont quelque avantage elles ont un bien grave inconvénient, celui d'atténuer le bouquet, de rendre le vin lourd, pâteux et de lui enlever sa fraîcheur.

On rend au vin l'un et l'autre, fraîcheur et bouquet, en ajoutant à la sauce ci-dessus ou aux autres deux flacons de *sève de Sillery* (*voir aux produits œnologiques*). Si on travaille des vins étrangers aux crûs de la Marne on emploie trois flacons au lieu de deux ; au surplus, l'opérateur a bien vite fait de doser : quelques heures lui suffisent pour reconnaître la quantité qui doit toujours être plutôt trop faible que trop forte.

*Amélioration du bouquet.* — Comme nous venons de le dire, la *sève de Sillery* est un moyen de rendre aux vins les qualités que le sucrage et l'alcoolisage leur ont fait perdre. Indépendamment de cela l'usage de ce produit sera toujours d'un effet utile quelle que soit la qualité du vin, quelle qu'en soit la provenance ; dans les bonnes années il exalte le bouquet, dans les mauvaises il le supplée.

*Préparation des vins mousseux par le gaz acide carbonique des appareils à eau de Seltz.* — Tous les vins peuvent être rendus mousseux ; mais il faut de préférence les choisir légers et blancs, les coller une fois à la *poudre des vins mousseux*, et les soutirer deux et même trois fois.

Il faut employer des vins de deux ans au moins, autrement il faudrait les muter ; ensuite on les soumet au sucrage comme nous venons de le dire : la dose de sucre est de 30 à 40 grammes par bouteille. On sucre plus le vin dur et vert que celui qui est tendre.

Plus le vin est sucré, plus la proportion d'arôme doit être forte, car on sait que le sucre masque les parfums. On devra donc bien étudier la quantité de sève de Sillery à employer ; car la dose est variable en raison de celle de sucre.

Pour opérer, il faut, le vin sucré et préparé, le verser dans le cylindre pour le saturer de gaz acide carbonique à 4 ou 5 atmosphères, 6 au plus, autrement il serait trop acide. Lorsqu'il est assez chargé de gaz on le met en bouteilles comme l'eau de Seltz, et on retient le bouchon avec deux ficelles placées en croix et un fil de fer ; puis on coiffe le tout d'une feuille d'étain ou mieux d'une capsule, et l'opération est faite.

On doit tenir les bouteilles couchées pour que le bouchon soit constamment mouillé ; sans cette précaution le vin perdrait sa mousse.

Il faut avoir soin de ménager un intervalle de 6 centimètres entre le liquide et le bouchon, en mettant en bouteilles ; car ce dernier est chassé avec d'autant plus de force qu'il y a plus de gaz pour faire ressort entre le liquide et le bouchon.

# ALCOOLS.

*Amélioration. — Mouillage. — Bouquet. — Coloraration. — Clarification.*

Sous la dénomination d'alcools on comprend, à la fois, les alcools de vin et les alcools d'industrie, provenant de la distillation de la betterave, de la pomme de terre, des grains, etc.

*Amélioration.* — Les alcools de vin sont susceptibles de grandes améliorations. Tant que les brûleurs mélangeront les vins à distiller et les produits de la distillation, ils n'obtiendront pas d'alcools de première qualité, à plus forte raison s'ils mélangent les vins malades ou gâtés avec ceux qui ne le sont pas. Pour atteindre la perfection dans la fabrication de l'alcool, il faut opérer comme il suit :

1° Classer les vins par qualités et ne jamais mélanger différents crûs ensemble.

2° Distiller séparément chacun d'eux, lentement et à feu doux ou à la vapeur pour empêcher les huiles essentielles de monter.

3° Rectifier avec les mêmes précautions.

4° Séparer les produits et mettre de côté d'abord le premier quart, puis le second, ensuite le troisième et enfin le quatrième ; puis, les flegmes qui font partie du dernier quart que l'on divise en deux parties à peu près égales.

5° Rectifier ensemble tous les derniers quarts, puis tous les flegmes.

6° Ne jamais distiller à feu nu, mais toujours à la vapeur ou au bain-marie.

Avec ces précautions, il est très-probable que l'on découvrira des qualités d'eaux-de-vie ou d'alcools inconnues jusqu'à ce jour et qui pourront rivaliser avec celles qui ont le plus de réputation.

Quant aux 3[6 d'industrie, pour les obtenir de bonne qualité, il faut s'attacher à une bonne fermentation, à une distillation bien conduite et à une bonne rectification d'après les principes ci-dessus. Aussi, ne pouvant traiter cette matière *in-extenso* dans cette brochure, nous conseillons la lecture des ouvrages de Payen et autres savants qui ont écrit sur cette matière.

La tâche que nous nous sommes imposée n'embrasse pas les moyens de fabrication proprement dits, mais simplement l'amélioration des produits fabriqués.

Les mauvais produits sont difficiles à améliorer ; aussi conseillerons-nous, quand ils sont réellement mauvais, de les renvoyer à la rectification : c'est le moyen le plus prompt et le plus sûr de les rendre bons. Toutes les autres tentatives que l'on ferait seraient infructueuses.

Nous supposons donc avoir entre les mains des 3₁6 bien rectifiés que l'on veut rendre potables en les rapprochant le plus possible des bons types connus, c'est-à-dire des eaux-de-vie de Cognac ou d'Armagnac.

Comme chaque sorte d'alcool demande un traitement particulier, l'un le 3₁6 de vin, l'autre le 3₁6 d'industrie, nous allons commencer par le premier, l'alcool de vin.

*Alcools de vin.* -- Les alcools de vin sont de deux sortes : ceux résultant de la distillation du vin, ceux provenant des marcs de raisin.

Tous les alcools ont un mordant, une saveur éthérée qui les distingue des eaux-de-vie. Bien qu'ils soient allongés d'une forte quantité d'eau et réduits même à un degré inférieur au titre des eaux-de-vie, le dégustateur ne saurait s'y méprendre. Il faut donc s'attacher à leur donner du moelleux, à les adoucir, à les vieillir et à les parfumer.

*Mouillage et bouquet.* — Si on se bornait à y ajouter de l'eau, on n'obtiendrait qu'une liqueur détestable : cela est si bien reconnu que de tout temps on s'est appliqué à rechercher les moyens de corriger ces défauts. On a prôné, à cet effet, de nombreuses recettes : les infusions de thé, de capillaire, de scolopendre, de feuilles d'orangers, les eaux de chêne, de réglisse, etc., etc. Malheureusement, tous ces ingrédients sont de peu d'efficacité; ils nuisent plutôt aux alcools droits en goût qu'ils ne les améliorent : c'est du moins l'opinion des dégustateurs émérites.

Les alcools de marc de raisin, surtout, demandent un traitement énergique pour enlever le goût *sui generis* propre à chaque crû et dû à la présence des huiles essentielles qui ont résisté à la rectification.

Disons en passant qu'une seconde rectification de ces alcools abrégerait beaucoup le travail du vieillissement; mais comme on n'a pas toujours en sa possession les moyens de rectifier, et que d'ailleurs une fois ces 3/6 dans le commerce, on est obligé de les utiliser, nous indiquerons le procédé à suivre.

Pour les 3/6 de vin, il faut opérer comme suit. Pour 100 litres de dédoublage, prenez :

Sirop de raisin *(voir aux produits œnologiques)*. . . . . . . . . . 3 litres.  
Rancio . . . . . . . . . . . 1 flacon.  
Rhum. . . . . . . . . . . . 1 litre.  
Poudre anglaise. . . . . . . . 25 grammes.  
Eau chaude. . . . . . . . . . 1 litre.

Délayez le sirop avec l'eau chaude, allongez avec 4 litres de votre eau-de-vie et versez le tout dans le fût, en agitant. Introduisez ensuite le rancio, fouettez de nouveau, puis collez à la poudre anglaise comme d'usage. Colorez au caramel ou à la charentaise *(voir aux produits œnologiques)*, ce qui est préférable.

Pour les 3/6 de marc, l'opération doit être modifiée comme suit :

| | |
|---|---|
| Sirop de raisin. . . . . . . . . | 4 litres. |
| Rancio . . . . . . . . . . | 1 flacon. |
| Poudre clarifiante des eaux-de-vie. | 50 grammes. |
| Tafia. . . . . . . . . . . | 1 litre. |
| Eau chaude. . . . . . . . . | 1 litre. |

Opérez comme ci-dessus, en mêlant le rancio et le tafia et en collant avec la poudre clarifiante des eaux-de-vie au lieu de coller à la poudre anglaise. Colorez à la *charentaise.*

Si le 3/6 de marc (nous l'entendons toujours dédoublé et réduit à 45 ou 50°) a conservé un goût très-prononcé des huiles essentielles ou de distillé (ce qu'on désigne sous le nom de goût de chaudière), il faut encore augmenter l'énergie du traitement et opérer comme il suit :

Prenez :

Poudre clarifiante et désinfectante des eaux-de-vie, 100 grammes ; collez et laissez reposer 48 heures. Après ce temps écoulé, soutirez et ajoutez les préparations suivantes :

| | |
|---|---|
| Sirop de raisin. . . . . . . . | 4 litres. |
| Rancio . . . . . . . . . . | 1 flacon. |
| Tafia. . . . . . . . . . | 2 litres. |
| Mélasse de canne véritable. . . | 500 grammes. |
| Charentaise. . . . . . . . | 100 grammes. |
| Poudre anglaise. . . . . . . | 25 grammes. |
| Eau . . . . . . . . . . | 1 litre. |

Opérez comme ci-dessus en délayant dans une suffisante quantité d'eau bouillante le sirop de raisin, la mélasse et la poudre avec de l'eau froide (toutes les poudres perdent leurs propriétés quand on les prépare avec de l'eau chaude).

Quelques personnes emploient, pour réduire les

alcools, des eaux de chêne ; le goût qu'elles communiquent aux eaux-de-vie est peu agréable, et nous considérons ce moyen de les aromatiser comme très-mauvais. Cependant, nous allons indiquer le mode de les préparer pour ceux qui voudraient les employer sur des 3/6 de mauvais goût.

Copeaux ou sciure de chêne. . . . 15 kilos.
Eau. . . . . . . . . . . . . 150 litres.

Laissez macérer 4 jours et jetez cette eau ; remplissez le fût et recommencez l'opération trois fois ; ce n'est que la quatrième eau qu'il faut conserver. Prenez alors :

Eau. . . . . . . . . . . . . 100 litres.
Alcool . . . . . . . . . . . 10 litres.

Laissez infuser après avoir tiré le tout et l'avoir rejeté sur les copeaux, et servez-vous de cette eau aussitôt qu'elle aura pris assez de goût. Si vous n'en n'avez pas l'emploi immédiatement, doublez la dose d'alcool et conservez ce liquide. L'eau de pluie est préférable à l'eau de rivière ou de puits ; mais à la condition de la laisser déposer 24 heures et de la filtrer avant de la faire passer sur les copeaux.

*Coloration.* — On colore le dédoublage avec le bois de campêche, le caramel, le safran, le curcuma et la charentaise.

Le bois de campêche ou de Brésil fait rougir la liqueur si on y ajoute de l'eau, le safran donne un goût désagréable, le curcuma donne une couleur fausse ; le caramel et la charentaise sont les deux meilleurs agents de coloration.

*Clarification.* — Tous les 3/6 sont plus ou moins louches quand ils ont subi l'opération du dédoublage, de la coloration, etc. ; mais ils s'éclaircissent

6

ordinairement très-vite. Cependant, ils sont pendant longtemps encore sujets à déposer. Pour les avoir plus limpides et pour éviter les dépôts ultérieurs, quel que soit le mode de traitement qu'on leur ait fait subir, il est toujours utile de les soumettre à un collage comme nous l'avons indiqué ; mais en donnant la préférence à la poudre clarifiante des eaux-de-vie, si on opère sur des alcools dont le goût laisse à désirer.

*Alcools d'industrie.* — Pour rendre potables les 3/6 d'industrie, il faut leur faire subir un traitement particulier. Non-seulement il faut adoucir et vieillir ces alcools, mais encore leur enlever le goût désa-gréable qu'ils ont plus ou moins et qui s'éloigne des alcools de vin et leur communiquer le goût de ceux-ci. On y parviendra facilement si ces 3/6 sont complètement neutres, par les procédés suivants :

*Mouillage et bouquet.* — Si vous voulez imiter le cognac, prenez, pour 100 litres de dédoublage :

| | |
|---|---|
| Sirop de raisin. . . . . . . . | 4 litres. |
| Essence de Cognac. . . . . . | 1 flacon. |
| Rhum. . . . . . . . . . | 1 litre 1[2. |
| Charentaise. . . . . . . . | 150 grammes. |
| Eau. . . . . . . . . . | 1 litre. |

Délayez le sirop de raisin dans l'eau, puis la charentaise et versez dans le fût ; ajoutez le rhum et l'essence de cognac et agitez. Collez à la poudre anglaise.

(Armagnac) prenez :

| | |
|---|---|
| Sirop de raisin . . . . . . . | 4 litres. |

Huile d'Armagnac ou bouquet de
  raisin. . . . . . . . .        1 flacon.
Charentaise. . . . . . . .       100 grammes.
Tafia. . . . . . . . . .         1 litre.
Mélasse de canne. . . . . .      300 grammes.
Poudre anglaise. . . . . .       20 grammes.
Eau . . . . . . . . . .          1 litre.

Opérez comme ci-dessus.


(Montpellier) prenez :

Sirop de raisin. . . . . . .     5 litres.
Essence de vin ou de Cognac . .  1 flacon.
Tafia. . . . . . . . . .         2 litres.
Charentaise. . . . . . . .       150 grammes.
Mélasse de canne . . . . . .     500 grammes.
Eau chaude. . . . . . . .        1 litre 1|2.
Poudre anglaise. . . . . . .     30 grammes.

Opérez comme ci-dessus.


*Coloration.* — On colore ces dédoublages comme
ceux des alcools de vin (voir ci-dessus).

*Clarification.* — La clarification de ces 3/6 dédoublés a lieu par la poudre anglaise ; mais il est
préférable de la faire à l'aide de la poudre clarifiante des eaux-de-vie, qui a plus d'énergie et qui
tend à affiner ces liquides.

Pour éviter de recourir à une autre brochure, nous
allons donner un tableau de mouillage des 3/6 pour
les titres les plus usités.

## TABLEAU DE MOUILLAGE

*Indiquant la quantité d'eau à employer par hectolitre d'alcool, pour le réduire au degré voulu.*

| DEGRÉ à réduire. | DEGRÉ à obtenir. | Quantité d'eau à ajouter | DEGRÉ à réduire. | DEGRÉ à obtenir. | Quantité d'eau à ajouter. |
|---|---|---|---|---|---|
| 94 ° | 50 ° | 89 | » | 47 | 28 |
| » | 49 | 93 | » | 46 | 31 |
| » | 48 | 97 | 55 ° | 50 | 10 |
| » | 47 | 101 | » | 49 | 12 |
| » | 46 | 105 | » | 48 | 15 |
| 90 ° | 50 | 84 | » | 47 | 17 |
| » | 49 | 88 | » | 46 | 20 |
| » | 48 | 92 | 52 ° | 50 | 4 |
| » | 47 | 96 | » | 49 | 6 |
| » | 46 | 100 | » | 48 | 8 |
| 85 ° | 50 | 75 | » | 47 | 11 |
| » | 49 | 77 | » | 46 | 13 |
| » | 48 | 81 | 50 ° | 50 | 0 |
| » | 47 | 85 | » | 49 | 2 |
| » | 46 | 89 | » | 48 | 4 |
| 60 ° | 50 | 20 | » | 47 | 6 |
| » | 49 | 23 | » | 46 | 8 |
| » | 48 | 25 | | | |

La quantité de litres est exprimée en nombres ronds, parce qu'il serait à peu près inutile de la donner exacte, comme on va le voir, et qu'il faut toujours s'assurer le lendemain de l'opération du degré réel. Les différences étant en moins, on n'est pas exposé à abaisser à un titre trop bas.

On croit généralement qu'en mêlant 1 litre d'eau à 1 litre d'alcool on obtient deux litres de liquide : c'est une erreur. Il se dégage une certaine quantité de gaz qui réduit le poids et le volume de la mixtion. Le manquant, pour les 3/6 de vin, est de 1/10° de la quantité d'eau employée ; pour les alcools d'industrie elle varie entre le 9e et le 10e.

Ceci est fondé sur ce que l'alcool ayant moins de pesanteur que l'eau, il se fait, au moment du mélange, une *concentration* qui absorbe une partie de son volume ; il faut donc que l'eau soit ajoutée dans une proportion qui remplace celle qui est ainsi absorbée.

Cette concentration peut être calculée à raison de 3 litres 71 centilitres pour 100 litres d'alcool à 85° réduit à 49°, c'est-à-dire, que pour obtenir 173 litres 68 centilitres eau-de-vie à 49° avec 100 litres d'alcool à 85°, il faut ajouter 77 litres 39 centilitres au lieu de 75 litres 68 centilitres que donnent les calculs mathématiques anciennement faits. Le tableau ci-dessus a rectifié en partie ce vice qui existait dans les tableaux anciens. Les fractions seules sont négligées, comme inutiles.

Voici un fait rapporté par F. Robert, au sujet de la concentration : Une expérience faite à Cambrai, dans les magasins de M. Huart-Crépin, a produit le résultat suivant.

« Après avoir empli et mesuré bien exactement, « dit-il, une pipe de 600 litres d'esprit à 33 degrés, « on en a extrait 255 litres, pour couper à 19 de- « grés, les 345 litres restant dans la futaille. Au lieu « de 255 litres, quantité extraite, il est entré 267 « litres 85 centilitres d'eau ; c'est-à-dire, environ « 13 litres de plus. »

Le tableau de mouillage que nous donnons ci-dessus, fait la compensation approximative en tenant une moyenne de ces différences qui sont variables, suivant la nature des 3/6 employés.

# EAUX-DE-VIE.

*Amélioration. — Rectification. — Mouillage. — Coloration. — Vieillissement. — Bouquet. — Clarification. — Mauvais goût. — Goûts de fût.*

*Amélioration.* — Tout ce que nous avons dit de l'amélioration des alcools est applicable aux eaux-de-vie. Les soins que l'on doit apporter à séparer les produits provenant de mauvais vins, de vins aigris ou gâtés ou de mauvais goût doivent être scrupuleusement les mêmes. La moindre addition de ces eaux-de-vie douteuses ou vicieuses suffit pour ôter de la qualité aux bonnes.

*Rectification.* — Toute eau-de vie doit être convenablement rectifiée, au bain-marie ou à la vapeur, en ayant soin de ne jamais tirer à plus de 55 à 60 degrés pour les eaux-de-vie de vin ; quant aux eaux-de vie de marc communes, il faut de toute nécessité les convertir en 3/6 si l'on veut leur enlever le goût de l'huile essentielle dont elles sont infectées.

Si une rectification a été mal conduite et que l'eau-de-vie soit vicieuse ou douteuse seulement, il ne faut pas hésiter à la rectifier de nouveau : c'est le moyen le plus sûr et le plus prompt de la ramener à la qualité requise. Il ne doit y avoir d'exception que pour les produits de basse qualité qui n'ont pas une valeur vénale sensiblement plus élevée, bons que médiocres : le bouilleur doit être bon juge de ses intérêts en pareil cas.

*Mouillage.* — Le mouillage des eaux-de-vie se fait de trois manières : avec de l'eau distillée, de l'eau de pluie et de l'eau de rivière ou de puits, quand cette dernière ne contient pas de chaux ou est potable, et, enfin, avec des eaux de chêne.

L'eau distillée s'emploie pour le mouillage des eaux-de-vie fines; l'eau de rivière, de pluie, et les eaux de chêne pour les eaux-de-vie communes.

Nous avons précédemment indiqué la manière de faire les eaux de chêne ; mais nous répétons que ces préparations ne doivent entrer que dans les eaux-de-vie moyennes, elles gâteraient les bonnes et seraient insuffisantes pour les médiocres dont elles ne feraient qu'augmenter souvent les mauvaises qualités en ajoutant un goût étranger au mauvais goût existant sans le détruire et sans même le masquer.

Nous sommes d'avis qu'on n'ajoute rien à une eau-de-vie parfaite, à une fine champagne, rien, si ce n'est de l'eau distillée pour la réduire à 50⁰ si elle porte 60⁰ : il faut la laisser vieillir en fût, et attendre de son âge ses qualités.

On doit loger une telle eau-de-vie dans un fût neuf, lavé trois ou quatre fois à l'eau bouillante qu'on laisse séjourner une journée dans le fût, afin de dissoudre les matières extractives du bois qui donneraient immédiatement de l'astringence, du goût et de la couleur à la liqueur. On peut utiliser les vieux fûts qui ont contenu de l'eau-de-vie de bonne qualité et même ceux où l'on a logé des rhums; mais ceux-ci doivent subir aussi plusieurs lavages à l'eau bouillante.

*Coloration.* — Les eaux-de-vie se colorent comme les 3/6 dédoublés. Nous avons dit, à cet article, tout ce qu'il est utile de faire. La coloration communiquant toujours un arrière-goût à l'eau-de-vie, nous conseillons de ne jamais colorer les fines champagnes, parce que les matières extractives du bois de la futaille suffisent pour leur donner assez de couleur.

La coloration qui nous a le mieux réussi, dans toutes les occasions, c'est la charentaise ; elle donne une belle couleur ambrée, et exalte le bouquet de l'eau-de-vie ; il n'en faut qu'une faible quantité pour colorer : un litre suffit pour 10 hectolitres.

*Vieillissement et bouquet.* — Les eaux-de-vie gagnent à vieillir comme le vin ; de là le motif qui fait que l'on cherche à produire le vieillissement le plus rapidement possible.

On a proposé bien des moyens, publié bien des recettes pour vieillir les eaux-de-vie. On a conseillé d'y introduire de l'ammoniaque liquide pour opérer la décomposition des huiles essentielles, d'y ajouter diverses décoctions et infusions, etc. Tous ces procédés sont sans effet ; nous l'avons déjà dit à l'article *vieillissement des alcools*. Toutes ces préparations ne font que communiquer des goûts étrangers à l'eau-de-vie. Nous allons indiquer les moyens employés par la plupart des maisons qui s'occupent du commerce des eaux-de-vie en grand.

Voici la formule générale. Pour 100 litres, prenez :

| | |
|---|---|
| Sirop blond de raisin. . . . . . | 3 litres. |
| Rhum. . . . . . . . . . . | 1 litre. |
| Rancio. . . . . . . . . . | 1 flacon. |
| Charentaise. . . . . . . . | 50 grammes. |
| Eau. . . . . . . . . . . | 2 litres. |
| Poudre anglaise. . . . . . . | 20 grammes. |

Faites dissoudre le sirop dans l'eau bouillante et la charentaise et versez dans le fût en agitant ; mêlez le rhum avec le rancio, versez le tout dans le fût et agitez de nouveau. Collez à la poudre anglaise et laissez reposer jusqu'à clarification.

S'il s'agit de vieillir de l'eau-de-vie qui a fortement le goût de chaudière, il faut procéder autrement, on doit :

1° Coller à la poudre clarifiante (*voir aux produits œnologiques*) ; 2° Puis, quinze jours après, opérer comme ci-dessus en modifiant la formule comme il suit :

| | |
|---|---|
| Sirop blond de raisin. | 4 litres. |
| Tafia. | 2 litres. |
| Rancio | 1 flacon 1/2. |
| Charentaise. | 100 grammes. |
| Eau | 2 litres. |
| Poudre anglaise. | 25 grammes. |

On laisse 4 ou 5 litres de creux, on soutire après clarification et on colle de nouveau, s'il en est besoin.

Pour les eaux-de-vie de marc, il faut opérer d'une manière encore plus énergique (après le collage à la poudre revivifiante).

| | |
|---|---|
| Sirop blond de raisin. | 4 litres. |
| Tafia. | 3 litres 1/2. |
| Rancio | 1 flacon 1/2. |
| Charentaise. | 150 grammes. |
| Eau | 2 litres. |
| Poudre anglaise | 150 grammes. |

Opérez comme ci-dessus.

Toutes les eaux-de-vie de vin ont un bouquet particulier qui les distingue ; les 3/6 d'industrie n'ont qu'un arôme plus ou moins désagréable. Le producteur et le commerçant doivent donc, chacun en ce qui les concerne, s'attacher à développer le premier et à masquer ou à détruire le second.

Pour que le bouquet des eaux-de-vie se développe, il faut qu'elles soient réduites à 48 ou à 50°, qu'elles soient logées dans des vases propres où elles puissent séjourner sans être exposées à en extraire des matières, des principes, des arômes étrangers, tels que ceux provenant du tannin, de la gomme, de la résine, etc., etc., contenus dans le bois de la futaille ; de là, la nécessité d'employer des vases en châtaignier et en chêne, préparés à l'eau bouillante, comme nous l'avons dit plus haut ; car ces matières extractives sont puissamment absorbées dissoutes par l'eau-de-vie et combinées avec elle.

Il y a des substances qui font développer le bouquet d'une manière remarquable : tel est le *rancio des eaux de-vie* (*voir aux produits œnologiques*) ; c'est pourquoi nous en avons conseillé l'emploi dans les formules précédentes. Non-seulement ce produit exalte le bouquet mais encore il le fait naître ; il parfume l'eau-de-vie et la vieillit ; c'est ce qui lui a fait donner le nom de *rancio* qui ne signifie rien autre chose que *goût de vieux*. (Les Espagnols donnent le nom de *rancio* au vin qui a vieilli, et qui de rouge est devenu jaune).

Les 5/6 dédoublés ont besoin d'un agent plus actif que le *rancio*, il leur faut l'essence de cognac, ainsi que nous l'avons dit ; nous le répétons ici pour que l'on évite de les confondre ; car le rancio appliqué à l'eau-de-vie résultant d'un coupage de 3/6 de betteraves en augmenterait encore le mauvais goût.

*Clarification.* — On ne devrait jamais avoir besoin de clarifier les eaux-de-vie si elles n'étaient pas allongées, et si on ne les soumettait à aucun travail pour la coloration, l'abaissement du titre, etc., etc., mais il n'en est pas ainsi. Un simple coupage avec de l'eau, même distillée, suffit pour rendre une eau-de-vie trouble ; parce qu'elle met à nu les huiles essentielles qui en se reformant restent en suspension dans le liquide. Pour remédier à ces inconvénients, il est indispensable de recourir à un collage.

On colle l'eau-de-vie avec la gélatine, la colle de poisson, les blancs d'œufs, etc. Encore une fois, ces matières doivent être proscrites. Elles n'ont qu'une faible action clarifiante et elles communiquent un goût désagréable aux eaux-de-vie, les œufs sains exceptés ; mais leur action est nulle. Donc, il vaut mieux ne pas les employer et recourir à un agent plus actif et d'ailleurs plus économique que les œufs.

La gélatine reste très-souvent en suspension dans le liquide, ce qui lui donne une apparence désagréable et altère sa qualité. La colle de poisson est sujette au même inconvénient. Les seuls agents de clarification que l'on doive employer, ce sont : la *poudre anglaise*, la *poudre clarifiante des eaux-de-vie* et la *poudre revivifiante (voir aux produits œnologiques)*. Ces poudres n'ont pas d'odeur, elles ne restent jamais en suspension, elles affinent l'eau-de-vie, s'emparent des huiles essentielles qui s'y trouvent, facilitent le développement du bouquet ou le mettent à nu, ce qui est la même chose pour le dégustateur.

*Mauvais goût, goûts de fût.* — Le mauvais goût des eaux-de-vie provient toujours ou de ce qu'on les a logées dans des fûts infects, mal conditionnés, ou des substances qu'on y à introduites pour les travailler.

Si le goût est très-mauvais et très-prononcé, il faut renoncer à les remettre dans leur état normal, autrement que par une bonne rectification.

Si l'eau-de-vie est de bonne qualité et vieille, il faudra tenter l'opération suivante. Pour 100 litres, prenez ;

Poudre revivifiante. . . 150 grammes.

Collez avec cette poudre et soutirez dans un fût neuf, après quatre ou cinq jours ; mais en ayant soin d'agiter tous les jours et même de donner un demi-tour au fût. Cela fait, prenez :

Rancio. . . . . . . . 1[2 flacon.
Poudre anglaise. . . . . . 50 grammes.

Versez le rancio dans le fût et agitez. Collez à la poudre anglaise et laissez reposer. Dégustez, après quelques jours, et si l'eau-de-vie a encore du goût, recommencez l'opération, mais en ajoutant 100 gr. de poudre clarifiante avec la poudre revivifiante.

Si l'eau-de-vie n'est que de seconde qualité, on lui fera subir le traitement suivant, après, toutefois, l'avoir soumise à l'action de la poudre revivifiante :

Rhum . . . . . . . . . . 1 litre.
Rancio. . . . . . . . . . 1 flacon.
Poudre clarifiante des eaux-de-vie 50 grammes.
Poudre anglaise. . . . . , . 25 grammes.

On mélange le rancio au rhum et on jette dans le fût ; cela fait on colle séparément avec la poudre clarifiante d'abord, puis avec la poudre anglaise.

# DU RHUM

*Conservation. — Clarification. — Perte de bouquet. — Moyen de le lui rendre. — Rhum français par distillation. — Rhum factice.*

On nomme *rhum* l'eau-de-vie provenant de la distillation du vin de canne à sucre et de ses débris fermentés. Le *tafia* est l'eau-de-vie de mélasse de canne. On ne fabrique plus ou plus guère de rhum, par suite de la facilité avec laquelle on vend les sucres bruts des colonies. Tout ce qui est vendu comme rhum n'est autre chose que du tafia plus ou moins bien fait. Les bonnes eaux-de-vie de mélasse, bien rectifiées, forment le rhum ; celles qui sont manquées ou inférieures sont vendues comme tafia. Un homme distingué, un savant et un planteur, le docteur Beaumont, d'origine anglaise, nous a assuré que le rhum véritable de la Jamaïque ne vaut jamais moins de 14 à 16 francs la gallon (4 litres et demi), qu'il l'a lui-même payé ce prix aux Iles, pendant plus de quinze ans. Mais aussi, nous disait-il, peu de personnes se doutent en France de ce que c'est que du rhum pur et vrai.

*Conservation.* — Le rhum se conserve comme l'eau-de-vie ; mais il faut bien se garder de laisser de l'air à ce liquide, attendu qu'il perd très-rapidement son bouquet qui n'est que factice, le plus souvent, et que les tafias véritables sont, eux-mêmes, plus ou moins *saucés*.

*Clarification.* — Il arrive très-souvent que les rhums plus ou moins factices sont troubles et n'ont pas le brillant que l'on aime tant à voir dans les liquides ; ceux qui sont fortement *saucés* sont plus sujets que les autres à perdre leur limpidité. Dans ce cas, il faut les coller à la poudre anglaise. S'ils ont trop de parfum ou un arôme peu agréable, on les collera avec la poudre clarifiante des eaux-de-vie. Enfin, s'ils ont un goût de *brûlé*, un *goût de chaudière* trop prononcé, on en aura raison en les collant à la poudre revivifiante et à la poudre clarifiante des eaux-de-vie en même temps.

On appelle *rhums saucés* ceux auxquels on a ajouté diverses substances dans le dessein de leur donner plus d'arôme. Ces *sauces* ne sont autre chose que des infusions de cuir et de quelques aromates. Cette pratique est faite pour produire une liqueur à l'usage de ceux qui ont le palais blasé, et qui ne perçoivent plus les arômes qu'à haute dose. Le rhum saucé est au rhum ou au tafia ce que l'eau-de-vie de marc est à la fine champagne.

*Perte de bouquet.* — Les rhums saucés, par cela même qu'ils l'ont été, n'ont qu'un parfum fugace qui n'est qu'à l'état de mélange et non à l'état de combinaison ; c'est pourquoi il est susceptible de s'évaporer en grande partie : il suffit pour cela que le fût où ils sont logés soit en vidange ou mal bondé. Quand semblable chose arrive on y remédie facilement en versant dans le fût un simple flacon d'*essence de rhum* (*voir aux produits œnologiques*) par barrique de 100 litres.

*Fabrication du rhum en France.* — On peut fabriquer en France des rhums ou des tafias d'aussi bonne qualité que ceux qui nous viennent des colonies, le tafia du moins. Nous allons donner une recette que nous tenons d'un fabricant prussien. Nous l'avons éprouvée nous-même et nous en avons été satisfait.

On prend :

| | |
|---|---|
| Mélasse véritable de canne. . . . | 100 kilos. |
| Canne sèche coupée par morceaux . | 40 kilos. |
| Eau . . . . . . . . . . | 250 litres. |
| Ferment. . . . . . . . . | 1 kilo. |

Versez 50 litres d'eau bouillante sur la canne, laissez en infusion pendant deux heures, en ayant soin de remuer de temps en temps. D'autre part, faites chauffer 150 litres d'eau à 60°; versez sur la mélasse et brassez pour mélanger. Réunissez les deux mélanges et ajoutez de l'eau chaude ou froide, selon la température, pour que la masse porte 28°, pour absorber les 50 litres restant. Cela fait, brassez, tirez dans un baquet 10 litres du moût, délayez-y le ferment (levure de bière) et laissez en repos pendant quelque temps. Aussitôt que le liquide s'élève et que les écumes montent en dégageant du gaz, versez dans la cuve sur le moût et brassez de nouveau pour opérer le mélange ; couvrez la cuve et entretenez la température à 25 ou 22° au moins. Veillez à ce que la masse ne soit jamais entre le 28° et le 34° degré, car c'est entre ces deux températures que la fermentation acéteuse se produit avec le plus de force et le plus de rapidité.

Laissez agir la fermentation, pendant 5 ou 6 jours, et distillez quand le moût ne marquera plus que zéro ou un demi degré au saccharomètre ou pèse-sirop et enfutaillez dans des fûts neufs ou qui ont contenu déjà du rhum.

La distillation doit être faite au bain-marie ou à la vapeur, ainsi que la rectification. On obtient, par ce procédé, de 100 à 110 litres de rhum à 50° ou 60°.

Quand on veut un rhum plus aromatique on ajoute

7 à 8 kilos de pruneaux que l'on écrase avec un marteau et que l'on met en infusion avec la canne.

On distille la canne sans soutirage avec le moût. Si les fûts sont neufs on ne les lave pas, c'est le contraire de ce qui se pratique pour les eaux-de-vie : cela tient à ce que les matières extractives du bois sont utiles ici.

On colore au caramel, on laisse 4 litres de vide et on bonde hermétiquement.

*Rhum factice.* — On vend une grande quantité de rhum à bas prix ; ces rhums sont fabriqués sans distillation, et comme il suit :

Pour 50 litres de rhum, prenez :

| | |
|---|---|
| 3/6 réduit à 60°. | 42 litres. |
| Essence de rhum. | 1 flacon. |
| Mélasse de canne. | 1 kilo. |
| Tafia. | 5 litres. |
| Eau. | 1 litre. |
| Poudre anglaise. | 20 grammes. |

Versez l'essence de rhum dans le fût et agitez vivement ; ajoutez le tafia, puis la mélasse délayée dans l'eau, agitez et collez avec la poudre anglaise, comme d'usage.

# KIRSCH.

*Amélioration. — Refermentation des marcs. — Conservation. — Décoloration. — Perte du bouquet. Fabrication du kirsch factice.*

Le kirsch est de l'eau-de-vie de vin de cerises qu'on obtient en faisant fermenter le fruit écrasé

Toutes les cerises peuvent donner du kirsch ; mais celles cultivées à Luxeuil dans la Haute-Saône, celles de la Forêt-Noire en Suisse, sont les meilleures espèces. Il est de cette culture comme de celle de la vigne : tous les sols ne sont pas propres à produire du bon kirsch.

On fait aussi du kirsch avec la prune, la prunelle ou prune sauvage, et tous les fruits à noyaux ; mais la cerise est le seul qui donne lieu à une exploitation en grand. L'eau-de-vie de prunes porte le nom de kœtsch-wasser ; elle est très-bonne quand elle est bien faite, mal préparée elle n'est qu'une liqueur peu agréable.

Pour que le kirsch soit bon, il faut que le procédé de fabrication le soit lui-même. Pour cela, on doit mettre de côté les fruits sains et mûrs, rejeter ceux qui sont avariés ou trop verts. Diriger convenablement la fermentation, distiller lentement et au bain-marie ou à la vapeur ; en un mot, suivre ce que nous avons dit pour obtenir de bonnes eaux-de-vie.

*Refermentation des marcs.* — La cerise produit un vin peu généreux ; on peut, sans nuire essentiellement à la qualité du kirsch en doubler la quantité. Pour cela il suffit d'y ajouter une matière sucrée lors de la fermentation ; on obtient ainsi un vin plus riche en alcool, qui n'a que fort peu perdu de son bouquet, car les huiles essentielles de la cerise sont plus que suffisantes pour aromatiser le double de l'alcool qu'elles rendent à la distillation.

Expliquons ce fait que nous produisons le premier.

Quand on distille du vin de cerises, on obtient des petites eaux que l'on rectifie. Si on laisse refroidir les vinasses on s'aperçoit qu'une pellicule blanchâtre se forme à leur surface : c'est l'huile essentielle qui n'a pas monté, c'est la partie la plus aromatique de l'alcool. Or, admettons que 100 litres de kirsch contiennent 10 grammes d'huile essentielle, nous posons en fait qu'il doit en rester pareille quantité dans la vinasse et encore pareille quantité dans le marc.

Si ces principes sont vrais, il est évident qu'on pourrait facilement doubler la quantité de kirsch en sucrant le moût, comme nous venons de le dire, ou, ce que nous préférons, en faisant refermenter le marc de cerises ; attendu, d'une part, que la quantité d'huile essentielle qui reste dans les marcs et les vinasses est plus grande que celle qui est entraînée par l'alcool ; de l'autre, parce que l'huile essentielle de la cerise est très-aromatique et qu'il n'en faut qu'une faible quantité pour parfumer beaucoup d'alcool.

On nous objectera peut-être que les matières sucrées ajoutées apporteront, elles aussi, l'odeur *sui generis* de leurs huiles essentielles ; nous ne le nions pas ; mais on doit tenir compte de ce que l'élément principal étant en dehors de cette matière sucrée, il est l'agent essentiel, tandis que cette dernière ne joue qu'un rôle secondaire et que ses propriétés se trouvent dominées, effacées, par l'acte de la refermentation.

Ceci posé nous allons établir une formule d'après laquelle on peut obtenir un kirsch de *seconde* de bonne qualité et d'un prix de revient très-bas.

Nous l'avons déjà dit plus haut, nous n'admettons pas le principe de Chaptal, pour le sucrage des moûts, si ce n'est dans une année de disette et lors que les raisins sont verts ; hors de là, nous ne voulons pas de mélange, nous voulons le produit pur d'un côté, le produit artificiel de l'autre. Ce que nous rejetons pour le raisin, nous le rejetons également pour la cerise ; nous ne parlerons donc pas du sucrage du moût de cerises ; mais seulement du sucrage et de la refermentation des marcs de cerises.

Prenez :

| | |
|---|---|
| Marc pressé. . . . . . . . . | 100 kilos. |
| Matière sucrée, sirop de fécule, cassonnade ou mélasse. . . . | 50 kilos. |
| Eau. . . . . . . . . . . | 200 litres. |
| Ferment. . . . . . . . . | 1 kilo. |

Délayez la matière sucrée avec 150 litres d'eau chauffée à 50°, jetez ce sirop sur le marc et brassez ; ajoutez ensuite les 50 autres litres d'eau froide, de manière à réduire la masse à 24° au plus. Cela fait, tirez 10 litres du moût ainsi préparé et versez-y le ferment, après l'avoir préalablement délayé dans une petite quantité de ce liquide ; agitez le tout dans le baquet et laissez la fermentation se manifester. Aussitôt que les écumes recouvriront la surface du liquide, versez-le dans la cuve, bouchez-la et laissez agir. Surveillez, réchauffez au besoin et soutirez quand votre fermentation est terminée.

L'eau-de-vie de prunes est bonne quand elle est faite avec soin ; néanmoins, elle conserve un goût assez peu agréable, provenant de ses huiles essentielles. On corrige ce défaut en ajoutant, lors de la rectification, quelques feuilles de pêcher et de laurier-cerise. Voici la formule :

| | |
|---|---|
| Petites eaux de prunes à 18 ou 20° centésimaux.................. | 100 litres. |

Feuilles de pêcher séchées à l'ombre ................................... 600 grammes.
Feuilles de laurier-cerise séchées à l'ombre ... ................... 400 grammes.

Distillez au bain-marie, lentement, en rejetant les six premiers litres dans l'alambic, par le tuyau de cohobation. Séparez les flegmes et servez-vous-en pour la rectification qui suivra.

On peut aussi employer la formule suivante ; mais elle est moins bonne que la précédente :

Petites eaux ..................... 100 litres.
Feuilles de pêcher vertes ........ 400 grammes.
Noyaux de cerises concassés ..... 500 grammes.

Si l'eau-de-vie de prunes est faite à son titre, on se trouvera bien du traitement que voici :

Eau-de-vie de prunes ........... 100 litres.
Essence de kirsch .............. 1 flacon.
Sucre candi .................... 300 gr.

On fait dissoudre le sucre candi dans un litre d'eau bouillante ; on filtre au papier et on jette le tout dans le fût ; puis on verse l'essence de kirsch et l'on agite vivement. On obtient ainsi une analogie parfaite avec le kirsch.

Il arrive parfois que l'eau-de-vie de prunes a le goût de pourri. Ce goût provient de la mauvaise confection du vin et du défaut de soins dans la manipulation et le transport de la prune. Il est très-difficile d'en débarrasser le liquide, autrement que par une rectification sur les feuilles de pêcher, comme nous venons de l'indiquer plus haut, en doublant les doses.

*Conservation.* — On conserve le kirsch dans des bonbonnes ou touries en verre ; s'il était logé dans des fûts en bois, il prendrait de la couleur. Nous ne nous sommes jamais bien rendu compte de cette bizarrerie qui fait que l'on veut l'eau-de-vie jaune et le kirsch blanc. C'est là assurément de la routine et rien de plus.

Pour que le kirsch perde son *goût de chaudière,* on bouche les touries et bonbonnes avec un parchemin et non avec un bouchon. Pour faciliter le dégagement du goût de distillé frais, on perce même le parchemin de nombreux trous avec une épingle, ou on emploie un linge plié en quatre doubles, qui remplit le même but. On laisse le kirsch seulement un mois ou six semaines dans cet état, passé lequel temps on bouche avec un liége.

*Bouquet.* — Il arrive parfois que le kirsch manque de bouquet et de parfum ou de goût. Ceci est le propre de certaines mauvaises années. On y remédie facilement comme il suit ; prenez :

| | |
|---|---|
| Kirsch.......................... | 100 litres. |
| Essence de kirsch............... | 1 flacon. |

Versez *l'essence* dans le kirsch ; agitez et fermez hermétiquement. Si le kirsch est nouveau et légèrement amer, modifiez la recette comme ceci :

| | |
|---|---|
| Kirsch ........................ | 100 litres. |
| Essence de kirsch.............. | 1 flacon. |
| Sucre candi blanc.............. | 500 grammes. |
| Eau filtrée ou distillée ......... | 1\|2 litre. |

On verse l'essence dans le kirsch, on fait fondre le sucre dans l'eau ; on filtre ce sirop, on le verse dans la liqueur et on agite.

§ — 86 —

Quand le kirsch est nouveau et qu'on le laisse débouché pendant très-longtemps, cela n'a d'ordinaire que l'inconvénient d'en abaisser le titre ; mais s'il est vieux le bouquet s'évapore en grande partie, ce qui nuit à la liqueur et lui ôte la principale de ses qualités. Pour remettre ce kirsch dans son état normal, il suffit de lui faire subir l'opération suivante :

Prenez, Kirsch.................... 100 litres,
    Essence de kirsch.......... 1 flacon.
    Kirsch nouveau........... 10 litres.

Mêlez le tout, agitez et bouchez hermétiquement.

*Kirsch factice.* — Le besoin de produire des liquides à bas prix oblige très-souvent le commerçant à recourir à des coupages de 3|6 avec du kirsch : c'est ce qui a lieu sur une grande échelle dans le département de la Seine ; Paris est probablement le pays où l'on vend, débite et boit les plus mauvais liquides. Il nous est arrivé, bien souvent, d'avoir à déguster des kirschs dans lesquels il n'y en avait pas une goutte ; comment en serait-il autrement quand l'on vend quelquefois 50 p. 0|0 de moins que le producteur ; et c'est ce qui a lieu tous les jours.

Quoi qu'il en soit, puisque cette habitude est prise et que nulle puissance ne pourra l'empêcher, pas plus que de vendre du 3|6 pour du cognac, nous allons du moins indiquer les moyens de rendre ces mélanges plus agréables.

Si l'on veut allonger du kirsch avec du 3|6, on devra suivre la formule que voici :

Kirsch vrai ................... 25 litres.
3|6 bon goût et neutre à 50°.... 73 litres.

| | |
|---|---|
| Essence de kirsch.................. | **2 flacons.** |
| Sucre candi blanc.................. | 700 grammes. |
| Eau............................... | 1 litre. |

Opérez comme il est dit ci-dessus et vous obtiendrez 100 litres de kirsch de très-bon goût et bien parfumé.

Si enfin l'on veut obtenir du kirsch entièrement factice, il faut recourir à l'un des deux moyens suivants :

Procédé de distillation :

| | |
|---|---|
| Prenez, 3ı6 bon goût à 50°....... | 100 litres. |
| Feuilles de pêcher............... | 1 kilo. |
| — de laurier-cerise........ | 750 grammes. |
| Myrrhe........................... | 10 grammes. |

Mettez le tout en infusion pendant 48 heures, et ajoutez 60 litres d'eau au moment de distiller. — Distillez au bain-marie ou à la vapeur et retirez 95 litres de bon produit à 50°.

Laissez reposer, et huit jours après ajoutez :

| | |
|---|---|
| Essence de kirsch............... | 1 flacon.. |
| Sucre candi..................... | 500 grammes. |
| Eau............................. | 2 litres. |

Opérez comme il est dit plus haut, en versant l'essence dans le fût d'abord.

Voici encore une formule plus simple et moins coûteuse :

Procédé sans distillation :

| | |
|---|---|
| 3ı6 bon goût et neutre à 50°.... | 98 litres. |
| 3ı6 de marc ou de vin à 85°.... | 2 litres. |

Essence de kirsch.................... 2 flacons.
Sucre candi...................... 1 kilo.
Eau filtrée..................... 2 litres.

Opérez comme ci-dessus.

S'il est nécessaire de boucher hermétiquement le kirsch un mois ou deux après sa distillation ; cela est indispensable pour les kirschs plus ou moins artificiels.

*Décoloration.* — Si par hasard le kirsch avait pris de la couleur, il serait facile de le décolorer, en le collant à la poudre décolorante (*voir aux produits œnologiques*).

# ABSINTHE.

*Absinthe suisse de Pontarlier.* — *Absinthe de Montpellier.* — *Absinthe de Lyon.* — *Absinthe de Couvet.* — *Coloration.* — *Vieillissement.* — *Clarification.* — *Bouquet.* — *Pour faire blanchir l'eau.* — *Absinthe par essence.* — *Absinthe par extraits.*

Quelle que soit l'absinte que l'on veuille obtenir, le procédé de distillation est le même. Après avoir mondé les plantes, on les met en infusion dans l'alcool réduit à 60° et on laisse infuser 24 heures, on ajoute de l'eau pour réduire à 40° et on distille au bain-marie ou à la vapeur et on rectifie. On se sert d'un alambic à tête de maure et non d'un alambic à col-de-cygne ; car ce dernier empêche en grande partie les huiles essentielles de monter.

On doit apporter le plus grand soin dans le choix de la plante, en s'assurant qu'elle est bien parvenue à un degré suffisant de croissance : rien n'est plus détestable qu'une absinthe distillée avec des plantes coupées dans l'état herbacé. Pour que le produit soit bon, il faut que l'absinthe soit sur le point de fleurir, c'est-à-dire, que les pétales de la fleur s'aperçoivent à peine.

Voici les différentes formules d'absinthe. Elles sont faites pour obtenir 100 litres de liqueur à 72 ou 75°.

*Absinthe suisse de Pontarlier.* — Cette absinthe est l'une des plus réputées et elle l'est à juste titre.

| | |
|---|---|
| Grande absinthe sèche.......... | 1 k° 800. |
| Petite absinthe............... | 1 kilo. |
| Anis vert pilé............... | 5 kilos. |
| Fenouil de Florence pilé......... | 4 kilos. |
| Dictame de Crète ............ | 250 grammes. |
| Alcool à 90°,............... | 92 litres |

Opérer comme il est dit ci-dessus et mettre de côté les flegmes pour les rejeter dans une autre distillation. Rectifier au bain-marie pour retirer 100 litres seulement de bon produit.

*Absinthe de Montpellier.* — Cette absinthe est très-estimée, on la prépare comme il suit :

| | |
|---|---|
| Grande absinthe sèche.......... | 2 kilos. |
| Petite absinthe    id. ......... | 500 grammes. |
| Anis vert pilé............... | 5 kilos. |
| Badiane pilée............... | 500 gr. |
| Fenouil de Florence pilé ........ | 4 kilos. |
| Coriandre pilée.............. | 1 kilo. |
| Graines d'angélique........... | 400 gr. |
| Alcool à 90° ............... | 92 litres. |

Opérer comme ci-dessus.

*Absinthe de Lyon*, prenez :

| | |
|---|---|
| Grande absinthe sèche............ | 2 kilos. |
| Petite absinthe ................... | 500 grammes. |
| Anis vert pilé.................... | 7 kilos. |
| Fenouil......................... | 5 kilos. |
| Coriandre ....................... | 1 kilo. |
| Semences d'angélique ............ | 500 gr. |
| Alcool à 90°..................... | 92 litres. |

Opérer comme ci-dessus.

*Absinthe suisse de Couvet.* — On obtient cette excellente absinthe par le procédé suivant :

| | |
|---|---|
| Grande absinthe sèche........... | 2 kilos. |
| Petite absinthe ................. | 1 kilo. |
| Fenouil de Florence pilé ........ | 3 kilos. |
| Anis vert pilé................... | 7 kilos. |
| Coriandre pilée................. | 1 kilo. |
| Racines d'angélique concassées... | 250 gr. |
| Menthe poivrée................. | 600 gr. |
| Dictame de Crète .............. | 100 gr. |

Opérer comme ci-dessus.

*Coloration.* — La coloration de l'absinthe est chose importante, car elle influe considérablement sur le goût et la saveur de la liqueur. S'il est utile de choisir avec soin les plantes destinées à la distillation, il est indispensable de le faire minutieusement pour celles propres à la coloration. Elles doivent être sèches et bien vertes ; on doit rejeter toutes les feuilles noires et s'assurer si la plante n'a pas un goût de moisi. Les plantes en fleurs conviennent moins pour la coloration ; car la chlorophylle est moins abondante que dans celles qui ne sont pas encore arrivées à ce point de maturité.

Couleur de l'absinthe de Pontarlier :

| | |
|---|---|
| Hysope.................... | 1 kilo. |
| Petite absinthe sèche........... | 800 gr. |
| Mélisse citronnée.............. | 500 gr. |
| Absinthe distillée à colorer...... | 35 litres. |

Écrasez, divisez, réduisez en poudre pour ainsi dire ces substances dans un mortier à l'aide du pilon et jetez-les dans le bain-marie de l'alambic. Lutez, chauffez doucement pour éviter que la chaleur monte trop vite et produise la distillation, et, aussitôt que vous ne pourrez plus tenir la main sur le chapiteau, éteignez le feu et laissez refroidir ; ce qui demande 12 heures environ. Alors, passez le liquide coloré à travers un linge ou un tamis en crin, faites égoutter les plantes et ajoutez cette teinture à votre distillé. Complétez les 100 litres avec de l'eau si le titre est trop élevé.

On obtient la couleur de l'absinthe de Montpellier de la même manière ; celle de l'absinthe de Lyon varie un peu ; elle se fait généralement comme il suit :

| | |
|---|---|
| Mélisse citronnée.............. | 700 gr. |
| Hysope fleurie................ | 600 gr. |
| Véronique sèche·.............. | 500 gr. |
| Petite absinthe sèche........... | 450 gr. |

Opérez comme ci-dessus.

L'absinthe de Couvet se colore de la même manière que les absinthes de Montpellier et de Pontarlier.

La couleur verte ainsi préparée jaunit en vieillissant ; on la maintient un peu en ajoutant 15 à 18 grammes d'alun dissous dans un verre d'eau. Mais, quoiqu'on fasse, la chlorophylle se précipite sitôt que la liqueur tombe à un titre inférieur à 70 degrés.

On colore encore les absinthes ordinaires de la manière suivante :

| | |
|---|---|
| Feuilles vertes pilées (épinards, orties, morelle, etc............... | 1 kilo. |
| Crême de tartre................... | 150 gr. |
| Absinthe....................... | 10 litres. |

Après infusion de quelques jours, on réunit cette couleur à l'absinthe comme il est dit plus haut, mais cette couleur ne tient pas à la lumière, même en y ajoutant la dose d'alun indiquée.

On peut encore colorer les absinthes avec la couleur verte (*voir aux produits œnologiques*).

*Vieillissement.* — L'absinthe fraîchement distillée est âcre et sans parfum ; elle a même pendant assez longtemps un goût de chaudière désagréable. Pour remédier à ce défaut, il faut exposer le fût dans un endroit frais, et même à l'air en hiver s'il gèle ; puis, huit ou dix jours après, on soumet la liqueur au traitement suivant :

Pour 100 litres d'absinthe, prenez :

| | |
|---|---|
| Sucre candi................... | 700 grammes. |
| Sirop de raisin............... | 1 litre 1\|2. |
| Eau bouillante............... | 2 litres. |

On fait dissoudre le sucre candi dans l'eau et on verse dans le fût, après avoir filtré ce sirop dans une chausse, puis on ajoute le sirop de raisin et on fouette.

Pour les absinthes communes, on emploie tout simplement le procédé suivant :

Sucre raffiné...................... 500 grammes
Sirop de raisin ............... 2 litres.
Eau bouillante.................. 1 litre.

Opérez comme ci-dessus.

*Clarification.*—L'absinthe se clarifie d'elle-même ; mais quand elle est vieille, qu'elle est restée en vidange, elle perd du degré et la chlorophylle, provenant des plantes qui ont servi à sa coloration, se précipite et la liqueur devient trouble. Si les huiles essentielles sont en abondance, l'alcool étant abaissé, elles s'en séparent et voyagent dans le liquide sous forme de petits globules ou de pellicules. Dans cet état, l'absinthe a perdu une partie de son parfum et de sa finesse, comme tous les liquides troubles. Il faut alors recourir au mode de clarification suivant :

Pour 100 litres, prenez :

Alcool à 95°.................... 3 litres.
Poudre clarifiante des eaux-de-vie. 30 grammes.

Versez l'alcool dans le fût et agitez ; ensuite, faites dissoudre la poudre dans un verre d'eau, mêlez avec un demi-litre d'absinthe ; versez le tout dans le fût et agitez.

Par cette opération, l'alcool reprend la partie soluble des huiles essentielles libres et la poudre précipite la chlorophylle, les huiles décomposées et le liquide redevient limpide et transparent.

Si l'on a de l'absinthe fraîchement distillée, on peut essayer d'y en mélanger, ce qui profite à l'une et à l'autre ; mais il faut faire ce coupage après l'avoir essayé sur quelques litres ; car si l'absinthe vieille est d'un titre trop bas, elle décomposerait l'absinthe fraîche sans bénéfice pour elle.

Il arrive aussi bien souvent que l'absinthe vieille ne fait presque plus blanchir l'eau ; nous indiquerons plus loin le moyen de lui rendre cette propriété.

*Bouquet.* — L'absinthe usée perd son parfum et sa saveur. Pour le rétablir, il faut recourir au moyen suivant :

Pour 100 litres, prenez :

| | |
|---|---|
| Alcool à 95°................... | 5 litres. |
| Arôme de Couvet............. | 1 flacon. |
| Extrait concentré d'absinthe..... | 1 flacon. |
| Poudre anglaise .............. | 25 grammes. |

Mêlez l'arôme de Couvet et l'extrait concentré d'absinthe (*voir aux produits œnologiques*) avec l'alcool, fouettez pour les mélanger et versez dans le fût. Cela fait, collez à la poudre anglaise comme d'usage.

*Absinthe qui blanchit l'eau.* Toutes les absinthes rendent l'eau blanche ou laiteuse plus ou moins. Si une absinthe forte en degré de 68 à 72°, par exemple, ne blanchissait pas assez l'eau, on pourrait facilement lui donner cette propriété. Il suffirait pour cela de recourir au procédé suivant :

Pour 100 litres, prenez :

| | |
|---|---|
| Alcool à 90°............... | 1 litre. |
| Arôme de Couvet............ | 1 flacon et demi. |
| Poudre anglaise ............ | 20 gr. |

Mêlez l'arôme à l'alcool et versez le mélange dans le fût, collez ensuite à la poudre anglaise, en mettant le moins d'eau possible (40 centilitres).

*Absinthe faite à l'essence.* On débite à Paris et dans la banlieue des absinthes qui ne blanchissent pas l'eau et que le consommateur prend sans y en ajouter; c'est un détestable breuvage ainsi composé :

Alcool à 48°...................... 100 litres.
Huile essentielle ou essence d'absinthe. 80 gr.
    —        d'anis.............. 25 gr.

Cette boisson a une odeur et une saveur qui n'ont rien de commun avec l'absinthe ordinaire. Nous avons trouvé un grand avantage à y substituer la recette suivante, qui donne un produit infiniment préférable.

*Absinthe avec les extraits.*-- Alcool à 48°.. 99 litres.
                  Alcool à 90°.. 1 litre.
                  Extrait concentré
                    d'absinthe. 2 flacons
                  Sirop de raisin. 4 litres.

Versez l'extrait dans le litre d'alcool à 90°, agitez et versez dans le fût; faites dissoudre le sirop de raisin dans 4 litres d'absinthe; versez dans le fût et agitez de nouveau.

On peut colorer ces absinthes comme nous l'avons dit plus haut; mais la couleur ne tient pas. Le mieux serait de ne les pas colorer du tout, mais le débitant est bien obligé de se conformer au désir du consommateur. On est donc forcé de leur donner de la couleur; le seul moyen à employer c'est de recourir à la couleur verte. (*Voir aux produits œnologiques*).

# LIQUEURS

*Classification des liqueurs. — Esprits parfumés. — Infusions. — Filtration. — Coloration. — Clarification. — Fabrication des liqueurs. — Recettes des liqueurs faites par distillation, par essences, par extraits. — Bouchage. — Appareil à capsuler.*

*Classification.* On désigne les liqueurs sous six dénominations différentes : liqueurs *ordinaires, demi-fines, fines, surfines, doubles,* et *liqueurs de table.* Il y a encore les *élixirs, les huiles, crêmes,* etc., dont on ne parle plus que pour mémoire. Le nom ne fait pas plus à la chose que l'étiquette du sac à son contenu. Il y a des liqueurs ordinaires qui sont préférables à certaines liqueurs fines : cela dépend du mode de fabrication et du choix des matières employées. Nous n'acceptons donc ces désignations que pour ce qu'elles valent, c'est-à-dire, comme terme de comparaison.

Avant de passer à la fabrication des liqueurs et aux formules, nous allons parler des esprits parfumés, de la manière de filtrer, de colorer et clarifier, afin que chaque fois que nous prescrirons ces opérations, on sache la manière de les faire.

*Esprits parfumés.* La plupart des liqueurs se fabriquent avec des esprits parfumés, distillés à l'avance et à loisir, afin de les avoir prêts au moment du besoin. Tous les esprits parfumés, de mêmes genres et espèces se font de la même manière. Nous allons donner pour exemple la fabrication de l'*esprit de menthe.*

Pour 100 litres, prenez :

Alcool à 85°........................... 52 litres
Menthe (feuilles et sommités) ......... 13 kilos.

Mettez la plante en infusion, après l'avoir débarrassée de ses grosses tiges, racines, etc., pendant 24 heures dans l'alcool ; ajoutez 25 litres d'eau au moment de distiller ; lutez et distillez au bain-marie, pour retirer 54 litres de bon produit. Mettez les flegmes de côté pour une distillation suivante. Rectifiez au bain-marie en ajoutant 25 litres d'eau et recueillez de même les flegmes et les mettez à part avec les premiers.

Opérez de même pour toutes les plantes, semences, racines et fleurs.

Pour les substances résineuses telles que le benjoin, la myrrhe, l'aloès, le tolu, le goudron, la formule est la suivante :

Alcool à 85° ou mieux à 90° ......... 52 litres
Matière résineuse ................... 3 kilos.

Concassez la résine, faites-la dissoudre dans l'alcool pur et opérez pour le reste, comme il est dit ci-dessus.

Pour les aromates, tels que cannelle, girofle, mâcis, muscades, la formule est celle-ci :

Alcool à 85 ou 90° ............... 52 litres.
Aromate ......................... 2 kilos 500.

Opérez comme ci-dessus.

Le thé, le café, le sassafras, doivent être traités comme suit :

Alcool à 85° ........................ 52 litres.
Thé ou café, etc. .................... 3 kilos.

Opérez comme pour les plantes.

*Infusions. — La vanille, l'iris,* ne se distillent pas ; pour en obtenir des esprits parfumés on a recours à l'infusion, on obtient ce produit de la manière suivante :

Alcool ............................. 1 litre.
Vanille ............................ 100 gr.

Coupez par morceaux de la grosseur d'un pois et mettez dans l'alcool ; agitez tous les jours pendant 15 jours et employez ensuite.

*Filtration.* La filtration est un mal nécessaire. Si on pouvait attendre du temps la clarification des liqueurs, elles seraient plus fines et plus parfumées ; mais cela nécessiterait des frais et des avances considérables qui ne sont pas à la portée de tous les distillateurs ; d'ailleurs, pour les liqueurs communes, ce serait peine et dépenses inutiles. Tout le monde connaît la réputation de la liqueur de la Grande-Chartreuse. A quoi doit-elle cette réputation et ses qualités ? A ce que les Chartreux laissent vieillir cette liqueur et la conservent un an ou deux avant de la livrer au commerce.

Pour opérer la filtration, il suffit d'avoir trois choses, un filtre, une chausse et du papier sans colle dit à filtrer.

Le filtre n'est autre chose qu'un grand entonnoir en cuivre, muni d'un robinet à la douille, seulement le cône est plus allongé. Pour filtrer il faut placer le filtre sur une table percée, afin qu'il s'y enfonce jusqu'aux deux tiers de sa hauteur, puis on ferme le robinet; cela fait, placez la chausse en laine dans l'intérieur du filtre et fixez-là, soit aux crochets soit avec une ficelle qu'on tourne autour du filtre en dehors et au-dessous du rebord. Prenez ensuite trois feuilles de papier, brisez-les entre les mains après les avoir mouillées, réduisez-les en pâte en les pétrissant avec les mains et en les agitant avec un balai d'osier, dans une petite quantité d'eau; versez, alors, et peu à peu, de l'eau jusqu'à concurrence de 15 à 18 litres, en continuant d'agiter; versez cette bouillie dans la chausse et ouvrez le robinet. Recevez l'eau dans un baquet, recueillez avec la main la pâte de papier qui est tombée au fond de la chausse et délayez là de rechef dans l'eau. Placez un grand entonnoir en ferblanc au-dessus de votre chausse pour vous permettre de verser cette nouvelle bouillie sans qu'elle touche aux parois latérales de la chausse; assurez-vous que le papier est bien pris partout, laissez égoutter 10 minutes et versez votre liqueur. Laissez passer une fois, puis recommencez l'opération, car une liqueur ne saurait être claire à la première filtration. Pour cela, il faudrait avoir la précaution de rejeter les premières parties dans la chausse et que la couche de papier fût très-épaisse.

On prend d'ordinaire une feuille de papier pour un filtre de 8 à 10 litres, 2 feuilles pour 18 litres et 3 feuilles pour 25 à 30 litres.

Si votre liqueur contenait une trop forte quantité de parfum et qu'elle ne s'éclaircît pas, après deux ou trois filtrations, il faudrait vérifier si la quantité d'alcool n'est pas trop faible; si la dose était suffisante, c'est que celle de parfum serait trop considérable et il faudrait en extraire une partie comme suit :

Pour 100 litres de liqueur, prenez :

Poudre clarifiante des eaux-de-vie... 150 grammes
Eau .................................. 1|2 litre.
Liqueur à filtrer.................... 2 litres.

Faites dissoudre la poudre clarifiante avec l'eau, fouettez, ajoutez la liqueur, mélangez le tout et versez dans votre liqueur ; cela fait, fouettez de nouveau pour bien opérer le mélange et filtrez.

Dans tous les cas, nous conseillons de ne jamais filtrer sans avoir collé deux jours à l'avance, au moins. (*Voir l'article ci-dessous,* CLARIFICATION).

*Clarification.* Le meilleur moyen de clarification c'est le repos ou le collage, quand on n'est pas pressé de livrer.

On colle les liqueurs avec la colle de poisson, la gélatine, la poudre anglaise, les blancs d'œufs et la poudre filtrante. Nous ne voulons pas répéter ce que nous avons dit de toutes ces substances, la meilleure est la poudre filtrante, seulement elle ne doit pas être employée pour le curaçao s'il contient de la décoction de campêche, car il noircirait. Cette poudre agit avec une grande énergie sur toutes les liqueurs, elle est souvent précieuse pour celles qui contiennent des sirops de fécule mal préparés, des sucres mal raffinés : son effet est infaillible. Elle possède aussi la qualité d'être très-économique ; car il suffit de 18 à 20 grammes pour un hectolitre : c'est à peine 25 centimes par hectolitre.

Son emploi est très-facile. Pour 100 litres liqueur prenez :

Poudre filtrante ...................... 20 gr.

Eau ................................. 50 gr.
Liqueur à coller.................... 1 litre.

On dissout la poudre dans l'eau en agitant avec un balai d'osier ou une cuiller en bois ; on ajoute la liqueur et on mélange, puis on colle avec cette mixtion, comme d'usage.

On se trouve très-bien de coller ainsi deux ou trois jours à l'avance les liqueurs à filtrer. Quoique la clarification ne soit pas sensible, l'action du filtre est plus énergique et la liqueur n'est pas sujette à déposer en bouteilles, comme cela arrive quand on filtre les liqueurs presque aussitôt après la fabrication.

*Coloration.* La coloration n'ajoute rien à la saveur des liqueurs ; elle a dû avoir pour but principal de dissimuler la couleur légèrement jaune que donnent le sucre mal raffiné et les sirops mal faits. Tout le monde sait qu'on obtient la couleur jaune avec le caramel, le rouge avec l'orseille, le bleu avec l'indigo, le vert par le mélange du jaune et du bleu ; on trouve ces couleurs toutes préparées dans le commerce, et nous engageons ceux qui n'en consomment pas une grande quantité à les acheter toutes faites. (*Voir aux produits œnologiques*).

*Fabrication des liqueurs.* Nous allons donner les formules de toutes les *liqueurs classiques*, laissant de côté les liqueurs de fantaisie qui n'ont qu'un écoulement très-limité, une existence passagère, ou qui sont peu estimées du public.

LIQUEURS ORDINAIRES. Toutes les liqueurs ordinaires se composent, pour un hectolitre, de :

N° 1 Alcool à 85°, y compris l'esprit
     parfumé,.................... 25 litres.

Sucre ........................ 12 kilos.
Eau........................... 69 litres.

Produit 100 litres.

Ou bien, avec addition de sirop de fécule :

N° 2 Alcool à 85°, y compris l'esprit
    parfumé...................... 25 litres.
    Sucre ...................... 6 kilos.
    Sirop de fécule à 36°........... 10 kilos.
    Eau........................ 64 litres,

Produit 100 litres.

Chaque litre de liqueur ainsi préparée contient 250 gr. d'alcool ou un quart de litre et 120 gr. de sucre pour le n° 1; et pour le n° 2 100 gr. de sirop de fécule et 60 gr. de sucre. Le n° 1 porte 4 degrés et demi au pèse-sirop et le n° 2 6 degrés. Cela explique l'emploi du sirop de fécule : la liqueur gagne en densité et en moelleux, mais elle perd en finesse. Les liqueurs ainsi fabriquées ne peuvent supporter longtemps les grandes chaleurs, et si on les transporte par mer elles se décomposent. Elles ne sont donc pas propres à l'exportation ; mais simplement à la consommation de l'intérieur.

Voici les formules des principales liqueurs connues dans le commerce. Toutes les doses sont pour 100 litres de liqueur.

*Anisette.* — Esprit d'anisette......... 5 litres.
    Alcool à 85°............. 20 litres.
    Sucre.................... 12 kilos.
    Eau .................... 69 litres.

Si l'on veut employer le sirop de fécule, on opère

comme il est dit au n° 2 ci-dessus. Il en sera de même pour toutes les autres liqueurs.

Mélangez l'esprit parfumé à l'alcool et agitez; d'autre part, faites fondre le sucre dans 10 litres d'eau, versez ce sirop dans le mélange déjà fait, ajoutez le reste de l'eau et agitez de nouveau. Laissez en repos et filtrez au besoin. (*Voir à l'article clarification et filtration*).

En général, on ne doit pas filtrer une liqueur avant huit ou dix jours de repos, et un collage à la poudre filtrante.

Il est indispensable pour l'anisette d'avoir un sirop bien blanc; pour l'obtenir ainsi il faut mettre le sucre pendant 12 heures à l'avance dans l'eau et chauffer ensuite de manière à ce que la solution soit complète dès le commencement de l'ébullition. (*Voir à l'article Sirops.*)

*Curaçao.* — Esprit de curaçao......... 6 litres.
Alcool à 85°........... 19 litres,
Esprit d'oranges fraîches. 1 litre.
Sucre ................ 12 kilos.
Eau................... 67 litres.

Colorez en jaune avec le caramel ou avec la couleur de curaçao, (*Voir aux produits œnologiques*), et opérez comme ci-dessus.

Si vous employez le bois de campêche pour faire rougir ou la couleur de curaçao, ne collez pas à la poudre filtrante. (*Voir l'article* CLARIFICATION).

*Eau de noyaux.* — Esprit de noyaux..... 8 litres.

Le reste comme pour l'anisette.

*Parfait amour.* — Esprit de citrons...... 2 litres.
            — de coriandre... 3 litres.

(Couleur rouge)

*Moka.* — Esprit de moka............. 6 litres.

Pour obtenir cet esprit parfumé, on fait légère-ment torréfier le café avant de le distiller.

*Eau de roses.* — Esprit de roses....... 5 litres.

(A défaut, 8 litres eau de roses ; on augmente la quantité d'alcool et on diminue celle de l'eau).

(Colorer en rose).

*Eau de menthe.* — Esprit de menthe..... 5 litres.

*Eau d'angélique.* — Esprit d'angélique... 7 litres.

*Fleur d'oranger.* — Eau de fleur
                         d'oranger..... 7 litres.

(Mettre 6 litres d'alcool en plus et 6 litres d'eau en moins).

*Vespétro.* — Esprit d'anis ............. 1 litre.
          — de carvi ......... 2 litres.
          — de coriandre ..... 2 litres.
          — de citrons........ 1 litre.

Le reste comme pour l'anisette.
        (Colorer en jaune ambré).

On doit augmenter ou diminuer l'alcool, selon la quantité d'esprit parfumé que l'on emploie.

LIQUEURS DEMI-FINES. Les liqueurs demi-fines prennent la dénomination d'*huile* et de *crème*, à vo-lonté. Ces liqueurs se composent comme il suit, en moyenne. (Il faut augmenter ou diminuer la dose d'alcool en raison de la quantité d'esprit parfumé que l'on emploie, cette quantité étant variable.)

Esprit parfumé . . . . . . . . . . . . . . . . . . . . . . . .   7 litres.
Alcool à 85° . . . . . . . . . . . . . . . . . . . . . . . . . .  22 litres.
Sucre . . . . . . . . . . . . . . . . . . . . . . . . . . . . . .  24 kilos.
Eau . . . . . . . . . . . . . . . . . . . . . . . . . . . . . . .  60 litres.

  Produit : 100 litres.

  Ou, si on emploie du sirop de fécule :

Parfum . . . . . . . . . . . . . . . . . . . . . . . . . . . . .   7 litres.
Alcool à 85° . . . . . . . . . . . . . . . . . . . . . . . . . .  22 litres.
Sucre . . . . . . . . . . . . . . . . . . . . . . . . . . . . . .  16 kilos.
Sirop de fécule . . . . . . . . . . . . . . . . . . . . . . . .  12 kilos.
Eau . . . . . . . . . . . . . . . . . . . . . . . . . . . . . . .  50 litres.

*Anisette.* — Esprit d'anisette . . . . . . . . . . .   7 litres.
               Eau de fleurs d'oranger.   1 litre.
               Alcool à 85° . . . . . . . . . . .  22 litres.
               Eau . . . . . . . . . . . . . . . . .  59 litres.

*Angélique.* — Esprit d'angélique (racines) . . .  4 lit.
            —      id.    (semences).  4 lit.
  Alcool, sucre et eau comme pour l'anisette.

*Céleri.* — Esprit de céleri . . . . . . . . . . . . .  8 litres.
  Alcool, sucre et eau comme pour l'anisette.

*Cent-sept ans.* — Esprit de citrons . . . . . .  3 litres.
                  —  de roses . . . . .  4 litres.
  Alcool, sucre et eau comme pour l'anisette.
      (Colorer en rouge).

*Curaçao.* — Esprit de curaçao . . . . . . . .  6 litres.
            —  d'oranges fraîches.  4 litres.

Alcool à 85°............... 20 litres.
Sucre ................ 25 kilos.
Eau ................... 58 litres.

(Colorer en jaune).

*Fleur d'oranger*. — Eau de fleur d'oranger 10 litres.
Alcool à 85°.......... 29 litres.
Sucre.............. 25 kilos.
Eau ............... 48 litres.

*Menthe*. — Esprit de menthe........... 10 litres.

Alcool, sucre et eau comme pour le curaçao.

*Moka*. — Esprit de moka............. 10 litres.

Alcool, sucre et eau comme pour le curaçao.

*Noyaux*. — Esprit de noyaux.......... 14 litres.
Alcool................. 16 litres.
Sucre ................. 25 kilos.
Eau .................. 58 litres.

*Parfait amour*. — Esprit de citrons..... 4 litres.
— de coriandre. 4 litres.

Alcool, sucre et eau comme pour l'anisette.

(Colorer en rouge).

*Roses*. — Eau de roses ............... 10 litres.

Alcool, sucre et eau comme pour la fleur d'oranger.

(Colorer en rose).

*Vespétro*. — Esprit de citrons.......... 3 litres.
— de carvi......... 2 litres.
— de coriandre..... 2 litres.
— d'anis vert ....... 1 litre.

Alcool, sucre et eau comme pour le curaçao.

(Colorer en jaune).

*China-china.* — Esprit de cannelle..    2 litres.
—    de curaçao    2 litres.
—    de girofle .    2 litres.
—    de muscade    50 centilitres.
—    de mâcis ..    25 centilitres.

Alcool, sucre et eau, comme pour l'anisette.

(Colorer en jaune au caramel).

LIQUEURS FINES. Ces liqueurs prennent assez généralement le nom de crêmes. Elles se composent
dans les proportions suivantes :

Esprit parfumé ......................    22 litres.
Alcool à 85° .......................    12 litres.
Sucre ..............................    44 kilos.
Eau ................................    44 litres.

Ou, si l'on emploie du sirop de fécule :

Esprit parfumé......................    22 litres.
Alcool à 85°........................    12 litres.
Sucre ..............................    40 kilos.
Sirop ..............................    8 litres.
Eau ................................    33 litres.

Voici la formule spéciale à chaque liqueur :

*Anisette.* — Esprit parfumé...........    22 litres.
Alcool...................    12 litres.
Eau de fleur d'oranger.....    1 litre.
Infusion d'iris.............    25 centi.
Sucre ....................    44 kilos.
Eau.......................    43 litres.

*Angélique.* — Esprit d'angélique (racines).    10 litres.
—    (semences)    12 litres.

Alcool, sucre et eau comme pour l'anisette.

*Céleri.* — Esprit parfumé............  22 litres.

Alcool, sucre et eau comme ci-dessus.

*Curaçao.* — Esprit de curaçao........  18 litres·
          — d'oranges fraîches...  4 litres·

Alcool, sucre et eau, comme ci-dessus.
(Colorer au caramel).

*Cent-sept ans.* — Esprit de citrons......  6 litres.
          — de coriandre ...  8 litres.
       Alcool..............  20 litres.
       Sucre .................  44 kilos·
       Eau.................  44 litres.

*Eau-de-vie d'Andaye.* — Esprit d'anis ........  3 lit.
          — d'amandes amèr.  5 lit.
          — d'oranges fraîches  1 lit.
          — d'angélique (rac.)  5 lit.
          — de citrons......  1 lit.
        Infusion d'iris........  1 lit.

Alcool, sucre et eau comme pour le cent-sept ans.

*Eau-de-vie de Dantzick.* — Esprit de cannelle...  4 lit.
          — de coriandre..  5 lit.
          — d'amandes am.  1 lit.
          — d'ambrette....  3 lit.
          — de cardamome
            mineur...  1 lit.

Alcool, sucre et eau, comme pour le cent-sept ans.

Battre une feuille d'or par litre, avec un peu de sirop et ajouter à chaque bouteille.

*Fleur d'oranger.* — Esprit de fleur d'oranger.  22 lit.

Alcool, sucre et eau, comme pour l'anisette.

*Framboises.* — Esprit de framboises.....  22 litres.

Alcool, sucre et eau, comme pour l'anisette.
(Colorer en rouge).

*Huile de Kirshwasser.* — Kirsch à 50°...  18 litres.
Esprit de noyaux d'abricots.  4 litres.
Eau de fleur d'oranger....  1 litre.

Alcool, sucre et eau, comme pour l'anisette.

*Menthe.* — Esprit de menthe poivrée....  22 litres.

Alcool, sucre et eau, comme pour l'anisette.

*Moka.* — Esprit de moka............  14 litres.

Alcool, sucre et eau, comme pour le cent-sept ans.

*Noyaux.* — Esprit de noyaux d'abricots.  10 litres.
— d'amandes amères...  6 litres.
— de noyaux de cerises.  6 litres.

Alcool, sucre et eau, comme pour l'anisette.

*Huile d'œillets.* — Esprit d'œillets ......  20 litres.
— de girofle .....  2 litres.

Alcool, sucre et eau, comme pour l'anisette.
(Colorer en rouge).

*Parfait-amour.* — Esprit de citrons.....  4 litres.
— d'oranges .....  4 litres.
— de coriandre..  4 litres.
— d'anis ........  2 litres.

Alcool, sucre et eau, comme pour le cent-sept ans.
(Colorer en rouge).

*Huile de Rhum.* — Rhum à 50°, ....... 22 litres.

Alcool, sucre et eau, comme pour l'anisette.

(Colorer en jaune foncé, avec le caramel).

*Huile de roses.* — Esprit de roses....... 2 litres.

Alcool, sucre et eau, comme pour l'anisette.

(Colorer en rose).

*Crême de thé.* — Esprit de thé......... 22 litres,

Alcool, sucre et eau, comme pour l'anisette.

| *Vespétro.* — Esprit d'anis............. | 4 litres. |
| — d'ambrette.......... | 2 litres. |
| — d'anisette .......... | 1 litre. |
| — de carvi ........... | 3 litres. |
| — de coriandre ....... | 6 litres. |
| — de daucus........... | 1 litre. |
| — de fenouil de Florence. | 1 litre. |
| — de citrons........... | 4 litres. |

Alcool, sucre et eau, comme pour l'anisette.

(Couleur ambrée).

LIQUEURS SURFINES. — LIQUEURS DE TABLE. — Les liqueurs surfines et les liqueurs de table ne varient entre elles que sous le rapport du choix des substances employées à leur fabrication, des soins qui y sont apportés et de la qualité de l'alcool. Les liqueurs de table, étant supérieures aux liqueurs surfines, demandent un choix minutieux de tout ce qui les compose, et des artistes pour harmoniser les parfums. Elles sont rarement achevées d'un seul coup. Les bons praticiens les mettent en fût et les dégustent de temps en temps (à 15 jours d'intervalles), pour s'assurer de la combinaison et y faire les corrections jugées nécessaires. On n'y met pas de sucre de fécule. Les doses d'alcool, de sucre et de parfum sont les mêmes. Elles sont à peu près invariablement celles-ci :

| | |
|---|---|
| Esprit distillé .................... | 36 à 40 litres. |
| Sucre .......................... | 50 à 60 kilos. |
| Eau ........................... | 25 à 30 litres. |

Le mode de fabrication différant de celui des liqueurs communes et fines, nous sommes obligés d'indiquer la formule pour chacune d'elles.

*Anisette de Bordeaux.*— Badiane (semences) 2 kilos.

| | |
|---|---|
| Anis vert ........... | 500 gr. |
| Fenouil de Flor.. | 500 gr. |
| Coriandre ....... | 500 gr. |
| Sassafras ........ | 500 gr. |
| Ambrette ........ | 100 gr. |
| Ecorces de citrons sèches ou 15 citrons frais..... | 500 gr. |
| Alcool............. | 40 lit. |

Pilez le tout grossièrement, faites macérer pendant 48 heures dans l'alcool, ajoutez 22 litres d'eau, distillez au bain-marie. Rectifiez en ajoutant 20 litres d'eau et retirez 38 litres d'esprit parfumé ; conservez en fûts pour vous servir au besoin ; mais pas avant un mois de distillation. Alors, vous pouvez fabriquer votre liqueur comme suit :

Faites fondre votre sucre (50 à 60 k.) dans l'eau bouillante (25 à 30 litres), le plus rapidement possible, afin d'avoir un sirop blanc et, après refroidissement, mélangez le tout, pour avoir 100 litres de liqueur ; collez et filtrez.

Ajoutez, eau de fleur d'oranger 2 litres et demi!

Comme nous renverrons à cet article, on devra se rappeler que la fleur d'oranger ne s'ajoute que dans l'anisette seulement, à moins d'indication contraire.

Ces liqueurs pèsent ordinairement de 20 à 24 degrés au pèse-sirop.

*Crème d'angélique.*— Angélique (racine). 1 k. 500 gr.
— (semence) 1 k. 500 gr.
Coriandre . . . . . . . . . 250 gr.
Fenouil de Florence   250 gr.
Alcool à 85° . . . . . .   40 lit.

Opérez comme pour l'anisette.

*Crème de céleri.* — Semence de céleri . 2 k. 500 gr.
Daucus de Crète . . . 150 gr.
Écorces fraîches de
citrons . . . . . . . . . 150 gr.
Alcool à 85° . . . . . . . 40 lit.

*Liqueur de la Grande-Chartreuse.* — Cette liqueur se fait blanche, jaune ou verte.

(blanche.)

Mélisse citronnée . . . . . . . . . . . . . . . 300 grammes.
Hysope . . . . . . . . . . . . . . . . . . . . 200 gr.
Génépi des Alpes . . . . . . . . . . . . . . . 200 gr.
Angélique (semence) . . . . . . . . . . . 150 gr.
Calamus aromaticus . . . . . . . . . . . 50 gr.
Cordamome mineur . . . . . . . . . . . . 40 gr.
Cannelle . . . . . . . . . . . . . . . . . . 50 gr.
Mâcis . . . . . . . . . . . . . . . . . . . 50 gr.
Girofle . . . . . . . . . . . . . . . . . . 40 gr.
Muscades . . . . . . . . . . . . . . . . . 30 gr.

Alcool à 85°....................       45 litres.

Il ne faut que 46 kilos de sucre pour cette liqueur.

Pour le surplus, opérez comme ci-dessus.

### (jaune).

Même recette que la blanche en ajoutant :

Cannelle de Chine...............       40 grammes.
Fleur d'arnica..................       30 gr.
Coriandre.......................       1 kilo.
Cordamome majeur................       15 gr.
Balsamite.......................       125 gr.

La quantité d'alcool est pour cette liqueur de 55 litres, et celle du sucre de 36 k. seulement. — On colore avec le safran.

### (verte.)

Mélisse citronnée sèche.........       550 grammes.
Hysope fleurie sèche............       300 gr.
Menthe poivrée sèche............       300 gr.
Génépi des Alpes................       300 gr.
Balsamite.......................       250 gr.
Angélique (racines).............       100 gr.
       —       (semences)........       150 gr.
Bourgeons de peuplier baumier...       50 gr.
Fleur d'arnica..................       25 gr.
Cannelle de Chine...............       25 gr.
Mâcis...........................       20 gr.
Thym............................       25 gr.
Fleur de Lavande................       30 gr.
Alcool à 85°....................       65 litres.

La dose de sucre est de 36 k. — Colorez en vert.

Opérez comme ci-dessus.

*China-China*. — Esprit de cannelle de Ceylan.   3 lit.
   —    d'amandes amères...   1 lit.
   —    de semences d'angél.  50 cent.
   —    de girofle..........   50 cent.
   —    de muscade........   50 cent.
   —    de mâcis...........   50 cent.
Alcool à 85°...........   34 litres

Opérez comme ci-dessus, moins la distiliation. — Colorez en jaune foncé.

*Curaçao*. — Écorces véritables de curaçao.   6 kilos.
Zestes d'oranges fraîches.....   60
Mâcis......................   30 gr.
Cannelle de Ceylan.........   100 gr.
Alcool ....................   55 litres.

Opérez comme ci-dessus. — Colorez en jaune.

*Elixir de Garus*. — Safran gâtinais......   65 gr.
Aloès succotrin .....   125 gr.
Cannelle de Chine...   150 gr.
Myrrhe..........   100 gr.
Girofle .........   65 gr.
Muscades .......   60 gr.
Alcool à 85°........   38 lit.

Opérez comme ci-dessus. Colorez en jaune d'or et faites votre sirop avec de l'infusion de capillaire du Canada (1 kilo).

*Liqueur du Mézenc*. — Camomille romaine..   450 gr.
Daucus de Crète.....   1 kilo.
Ecorces sèches de ci-
trons ...........   300 gr.
Muscades..........   125 gr.
Feuilles d'oranger...   125 gr.
Graines de genièvre..   125 gr.

|                         |          |
|-------------------------|----------|
| Graines de coriandre.   | 125 gr.  |
| Menthe poivrée.....      | 125 gr.  |
| Cordamome .......       | 25 gr.   |
| Mâcis...........         | 25 gr.   |
| Graines d'ambrette..     | 30 gr.   |
| Alcool à 85°........      | 40 lit.  |

Opérez comme ci-dessus. Colorez en jaune d'or.

*Crème de noyaux de Phalsbourg.*—Noyaux d'a-

|                    |            |
|--------------------|------------|
| bricots...         | 5 kilos.   |
| Noyaux de cerises ...| 2 kilos. |
| Amandes a-mères ....| 1 kilo.   |
| Cannelle du Ceylan ...| 150 gr. |
| Girofle....         | 50 gr.     |
| Alcool ....         | 36 lit.    |

Opérez comme ci-dessus et ajoutez un litre eau
de fleur d'oranger.

*Eau verte de Marseille.*—

|                              |            |
|------------------------------|------------|
| Esprit de cannelle.          | 7 litres.  |
| — de coriandre               | 5 litres.  |
| — de carvi....                | 4 litres.  |
| — de menthe..                 | 3 litres.  |
| — de citrons..                | 7 litres.  |
| — d'oranges ..                | 8 litres.  |
| Alcool...........             | 4 litres.  |

Opérez comme ci-dessus, moins la distillation.
Colorez en vert-pré.

*Vespétro de Montpellier.*—

|                         |            |
|-------------------------|------------|
| Esprit d'ambrette.       | 4 litre.   |
| — d'aneth ...            | 3 litres.  |
| — d'anis.....            | 3 litres.  |

Esprit de carvi... 6 litres.
— de coriandre 6 litres.
— de daucus.. 2 litres.
— de citrons.. 3 litres.
— de fenouil.. 3 litres.
Alcool à 85°..... 15 litres.

Opérez comme ci-dessus. Colorez en jaune.

*Crème des Barbades.* — Zestes de citrons frais......... 100

Zestes d'oranges fraîches...... 25

Cannelle du Ceylan......... 25 gr.

Mâcis.......... 25 gr.

Alcool à 85°.... 40 litres.

Distillez et opérez comme ci-dessus.

*Crème de genièvre de Hollande.* — Genièvre vieux. 65 litres.

Opérez comme ci-dessus, avec 25 kilos de sucre seulement.

*Marasquin de Zara,* — Eau de marasquin. 20 litres.
Eau de fleur d'oranger......... 1 litre.
Eau de roses..... 1 litre.
Esprit d'amandes amères.......... 1 litre.
Alcool à 85°...... 40 litres.

Opérez comme d'usage.

*Rosolio de Turin.* — Amandes amères... 1 kilo.
Noyaux de cerises.. 1 kilo.
— d'abricots.. 2 kilos.
Coriandre........ 250 gr.

Feuilles d'oranger..   200 gr.<br>
Alcool à 85°.......   34 litres.

Opérez comme ci-dessus. Puis, ajoutez :

Esprit de roses.............   6 litres.<br>
— de cannelle.........   50 centilitres.<br>
— de fleur d'oranger.....   1 litre.<br>
— de muscades........   25 centilitres.

Colorez en rose clair. Coller et filtrer.

LIQUEURS PAR INFUSION. — Les liqueurs par in-fusion sont celles qui sont faites avec des substances qui ne sont pas susceptibles de céder leur parfum par la distillation ; telle est la vanille, et celles qui se fabriquent avec les fruits dont on veut conserver la couleur : ce sont des ratafiats. Elles se divisent comme les autres, en *ordinaires, demi-fines, fines, surfines et doubles*.

LIQUEURS ORDINAIRES. — Ces liqueurs sont com-posées de la même manière que les autres, c'est-à-dire, avec les mêmes quantités de sucre et d'alcool. Nous allons donc nous borner, pour ne pas nous répéter, à indiquer la quantité de parfum pour 100 litres. Il est bien entendu que l'on augmente ou que l'on diminue la quantité d'alcool en raison de celle de l'esprit parfumé (*Voir page* 101).

*Vanille*. — Infusion de vanille...   1 litre.<br>
— de cannelle..   20 centilitres.

Colorer en rouge.

*Brou de noix*. — Infusion de brou de<br>
noix vertes......   15 litres.<br>
Esprit de muscades.   50 centilitres.

|  |  |
|---|---|
| Infusion de mâcis.. | 25 centilitres. |
| — de cannelle | 25 centilitres. |

*Cassis.* — Infusion première....... 20 litres.
(ou 2e 28 lit., ou 3e 36 lit.)
Infusion de mâcis....... 25 centilitres.

*Framboises.*—Infusion de framboises 15 litres.
— de merises noi-
res ou cassis. 4 litres.

*Eau de coings.* — Suc de coings.... 7 litres.
Esprit de girofle.. 50 centilitres.
— de mâcis... 25 centilitres.
— de muscades 25 centilitres.

## LIQUEURS DEMI-FINES.

*(Voir page 104.)*

*Vanille.* — Infusion de vanille..... 3 litres.
— de cannelle.... 50 centilitres.
Colorer en rouge.

*Huile de violette.*—Infusion d'iris... 5 litres.
Eau de roses.... 1 litre.
Colorer en violet.

*Bitter.* — Ecorces de curaçao....... 7 litres.
Calamus aromaticus....... 250 gr.
Aloès succotrin.......... 250 gr.
Bois de Fernambouc ...... 2 kilos.
Alcool à 85°............. 56 litres.
Eau ................... 44 litres.

On fait infuser toutes ces substances dans l'alcool,

au bain-marie et à chaud pendant 24 heures, mais sans distiller. Après refroidissement on filtre sans coller.

*Bitter par extrait.* — Extrait de Bitter.... 4 flacons.
Infusion d'oranges vertes (10 zestes dans 3 litres d'alcool, infusé pendant 6 à 8 jours). 5 litres.

Alcool et eau comme ci-dessus.

*Brou de noix.* — Infusion de brou de noix vertes...... 25 litres.
Esprit de muscades. 35 centilitres.
— de cannelle . 20 centilitres.

*Ratafia de cassis.* — Infusion de cassis première ..... 28 litres.
Infusion de framboises........ 6 litres.
Eau de roses.... 1 litre.

*Ratafia de cerises.* — Infusion de cerises......... 28 litres.
Infusion de merises......... 7 litres.
Esprit de noyaux 4 litres.

*Ratafia de framboises.* — Infusion de framboises ........ 18 litres.
Infusion de cassis 2 litres.
— de merises............ 3 litres.

*Ratafiat des 4 fruits.* — Infusion de cassis
première......   8 litres.
Infusion de ceri-
ses...........   8 litres.
Infusion de fram-
boises.........   8 litres.
Infusion de ceri-
ses ..........   8 litres.
Infusion d'iris....   1 litre.

*Ratafiat de coings.*— Suc de coings.....   10 litres.
Esprit de girofle....   50 centi.
— de cannelle..   30 centi.
— de mâcis ....   25 centi.

## LIQUEURS FINES.

### (*Voir page* 107).

*Vanille.* — Infusion de vanille...........   7 litres.
(Colorer en rouge).

*Huile de violettes.*—Infusion d'iris........   10 litres.
Eau de roses.........   1 litre.
Esprit de girofle......   50 centi.
Eau de fleur d'oranger.   50 centi.
(Colorer en violet).

*Brou de noix vertes.*—Infusion de brou de
noix............   30 litres.
Infusion de cannelle   50 centi.
— de muscades   35 centi.

*Ratafiat de cassis.* — Infusion première...   34 litres.
— de framboises   7 litres.
Eau de roses.......   1 litre.
Infusion de mâcis...   25 centi.

*Ratafia de cerises.* — Infusion de cerises..    34 litres.
                —       de merises.    10 litres.
              Esprit de noyaux...    5 litres.

*Ratafia de framboises.* — Infusion de framboises ........    24 litres.
Infusion de merises..........    10 litres.
Infusion d'iris...    50 centil.

*Ratafia des 4 fruits.* --- Infusion de cassis première......    12 litres.
Infusion de cerises    10 litres.
---       de framboises..........    12 litres.
Infusion de merises. ..........    10 litres.
Infusion d'iris....    1 litre.

*Ratafia de coings.* — Suc de coings......    14 litres.
Esprit de girofle....    50 centi.
—      de mâcis.....    40 centi.
—      de muscades .    35 centi.
—      de cannelle ..    40 centi.

LIQUEURS SURFINES. La fabrication de ces liqueurs est absolument la même que celle des liqueurs fines, si ce n'est qu'on augmente les infusions d'un cinquième et qu'on ne prend que celles de choix.

Les doses de sucre et d'alcool sont les mêmes que celles des liqueurs surfines, mais l'alcool pour la plupart est remplacé par les infusions. (*Voir page 110.*)

LIQUEURS DOUBLES. Les liqueurs doubles contiennent environ le double de parfum et d'alcool des liqueurs ordinaires, elles se composent comme suit :

Parfum, les deux tiers de celui indi-
    qué pour les liqueurs ordinaires.    »»
Alcool à 85°...................    50 litres.
Sucre.......................    25 kilos.
Eau ........................    12 litres.

Il est inutile que nous donnions les recettes, ce ne serait faire que nous répéter : il suffit de doubler les doses indiquées aux liqueurs ordinaires, ou à peu près; l'eau excepté. (*Voir page* 101).

LIQUEURS NOUVELLES. Il y a un nombre considérable de liqueurs nouvelles ; mais il n'y en a que bien peu qui jouissent de la vogue du consommateur. Les plus estimées sont la liqueur hygiénique de Raspail, le Béranger, l'Oued-Allah, la liqueur de Richelieu. Voici les meilleures formules connues :

*Liqueur hygiénique de Raspail.* — Sommités sèches d'angélique ..... 800 gr.
Racines d'angélique.... 800 gr.
Calamus aromaticus ... 200 gr.
Myrrhe..... 100 gr.
Cannelle.... 110 gr.
Aloès....... 50 gr.
Girofle ..... 50 gr.
Vanille..... 50 gr.
Muscades... 25 gr.
Safran ..... 3 gr.

Faire infuser le tout à une chaleur douce si c'est possible, pendant quinze jours au moins, en ayant soin d'agiter de temps en temps, décanter, passer au tamis et opérer comme d'usage sans distiller. Coller et filtrer.

Pour avoir cette liqueur incolore, il faut la distiller ; alors on est forcé de supprimer la vanille.

*Liqueur de Béranger.* — Amandes d'abricots. 2 kilos.
— amères... 1 kilo.
Bois de sassafras... 250 gr.
Ambrette... 250 gr.
Menthe poivrée... 250 gr.
Alcool... 50 litres
Sucre... 40 litres

Opérez comme d'usage, collez et filtrez.

*Oued-Allah.* — Balsamite... 250 gr.
Menthe poivrée... 250 gr.
Anis vert... 250 gr.
Ambrette... 250 gr.
Sassafras... 250 gr.
Fleur d'arnica... 50 gr.
Cordamome mineur... 50 gr.
Calamus aromaticus... 50 gr.
Racines d'angélique... 50 gr.
Amandes amères... 500 gr.
Mélisse... 250 gr.
Alcool... 36 litres.
Sucre... 35 kilos.

Opérez comme d'usage.

*Liqueur de Richelieu.* — Amandes amères.. 500 gr.
Balsamite... 500 gr.
Hysope fleurie... 250 gr.

| Marjolaine | 250 gr. |
|---|---|
| Mélisse | 125 gr. |
| Anis étoilé | 300 gr. |
| Graines d'angélique | 250 gr. |
| Coriandre | 500 gr. |
| Zestes de citrons verts | 20 |
| Cannelle | 50 gr. |
| Mâcis | 40 gr. |
| Fenouil de Florence | 500 gr. |
| Alcool | 40 lit. |
| Sucre | 35 kᵛˢ |

Opérez comme d'usage. — Laissez la liqueur incolore.

LIQUEURS FAITES PAR ESSENCES — Les liqueurs fabriquées avec les huiles essentielles ou essences de plantes, sont très-inférieures à celles faites par la voie de la distillation. On ne saurait guère obtenir que des produits très-ordinaires par ce procédé, comme qualité et d'une garde difficile; car, quelle que soit la manière de les fabriquer elles rancissent promptement. Ces liqueurs laissent une impression d'âcreté persistante dans la bouche, qui les fait distinguer au consommateur le moins habile.

Les doses de sucre et d'alcool sont les mêmes que pour les liqueurs fabriquées par distillation; quant au parfum, c'est purement et simplement de l'huile essentielle. Ainsi, pour faire 100 litres d'anisette commune, on prend 50 grammes d'essence d'anis. — Pour faire 100 litres de noyaux, on prend 50 gr. d'essence de noyaux, et ainsi de suite. — Nous nous dispenserons donc de donner ces formules que tout le monde connaît. D'ailleurs, chacun les varie à son gré. Nous allons passer aux liqueurs par extraits qui sont les meilleures après celles faites par distillation.

LIQUEURS PAR EXTRAITS. (*Voir aux produits œnologiques*). — Ces liqueurs, quand elles sont préparées avec soin, offrent un grand avantage, sont d'une garde facile et d'une bonne qualité. On peut faire avec les extraits des liqueurs ordinaires, des liqueurs demi-fines, des liqueurs fines et surfines.

Les doses d'alcool, de sucre et d'eau sont les mêmes que pour les liqueurs faites par distillation. L'esprit distillé est remplacé par pareille quantité d'alcool. Pour la coloration, voir aux liqueurs distillées.

*Liqueurs ordinaires.* — Ces liqueurs se préparent comme il suit :

*Anisette.* — Parfum ou extrait concentré d'anisette......... 3 flacons.
Alcool ................. 25 litres.
Sucre.................. 13 kilos.
Eau ................. 70 litres.

Opérez comme d'usage. — Collez et filtrez.

Pour toutes les autres liqueurs c'est la même marche. Il suffit de substituer un extrait concentré quelconque à celui d'anisette, soit : chartreuse, cassis, curaçao, angélique, noyaux, bitter, raspail, soit tout autre.

*Liqueurs demi-fines.* — La formule générale de ces liqueurs est la même que celle déjà indiquée pour les liqueurs par distillation. Voici les recettes spéciales de celles qui peuvent varier. Nous n'indiquons pas les doses de sucre, d'alcool et d'eau, elles sont connues (*Voir page* 104).

*Anisette.* -- Extrait concentré d'anisette. 3 flac. 1|2.
Eau de fleur d'oranger..... 1 litre.

Le sucre, l'alcool, l'eau, comme d'usage.

*Cassis.* -- Extrait de cassis......... 3 flacons 1|2.
Eau de roses........... 1 litre.

On emploie du vin du Midi en place d'eau pour colorer la liqueur.

*Curaçao.* -- Extrait concentré...... 5 flacons 1|2.
Rhum............... 2 litres.

*Menthe.* -- Extrait de menthe....... 3 flacons 1|2.

*Noyaux.* -- Extrait de noyaux...... 3 flacons 1|2.
Eau de fleur d'oranger.. 1 litre.

*Parfait-amour.* -- Extrait concentré. 3 flacons 1|2.

*Raspail.* -- Extrait de Raspail...... 3 flacons 1|2.

*Roses.* -- Extrait de roses.......... 3 flacons 1|2

*Vespétro.* -- Extrait de vespétro..... 3 flacons 1|2.
Pour la couleur, voir aux liqueurs par distillation.

*Liqueurs fines.* -- Mêmes doses d'alcool, de sucre et d'eau que pour les liqueurs par distillation. On remplace ici comme dans les précédentes formules, l'esprit distillé par une pareille quantité d'alcool. (*Voir page* 107).

*Anisette.* -- Extrait d'anisette....... 4 flacons.
      Eau de fleur d'oranger.. 1 litre.
      Infusion d'iris ......... 25 centilitres

*Cassis.* -- Extrait de cassis.......... 4 flacons.
      Eau de roses............ 1 litre.
      Infusion d'iris .......... 50 centilitres

On emploie du vin au lieu d'eau pour faire fondre le sucre et colorer. Le vin noir de la Loire est le meilleur.

*Curaçao.* -- Extrait de curaçao....... 4 flacons.
      Infusion d'oranges fraîches 2 litres.

(L'infusion se fait avec les zestes de 4 oranges par litre d'alcool à 85°). On laisse infuser 10 à 12 jours.

*Eau-de-vie d'Andaye.* -- Extrait d'eau-de-vie
      d'Andaye .. 4 flacons.
      Infusion d'iris. 50 centil.

*Eau-de-vie de Dantzick.* -- Extrait d'eau-de-vie de
      Dantzick.. 4 flacons.
      Eau de fleur
      d'oranger.. 50 centil.

(Ajoutez de l'or battu avec du sirop, une feuille par litre.)

*Crême de Menthe.* -- Extrait de menthe. 4 flacons.

*Crême de noyaux.* -- Extrait de noyaux.... 4 flacons.
      Eau de fleur d'oranger 1|2 litre.

*Huile d'œillets.* -- Extrait d'œillets...... 4 flacons.
      Infusion de girofle.... 1 litre.

*Parfait-Amour.* -- Extrait de parfait-amour. 4 flac˙
Infusion de citrons (zestes
de 10 citrons dans 3 li-
tres d'alcool.)........ 2 litres

*Huile de roses.* -- Extrait de roses...... 4 flacons.
Eau de roses......... 1 litre.

*Raspail.* — Extrait de Raspail......... 4 flacons.

*Vanille.* — Extrait de vanille.......... 4 flacons.

*Vespétro.* — Extrait de vespétro........ 4 flacons.

Toutes les autres liqueurs se font de la même manière. -- On peut à la rigueur se passer des parfums qui sont ajoutés aux extraits, mais les liqueurs
sont moins complètes.

*Liqueurs surfines* -- Pour ces liqueurs on emploie
4 flacons 1⟨2 au lieu de 4. -- Alcool, sucre et eau
comme aux autres recettes de liqueurs surfines.

*Bouchage.* -- On se sert encore généralement de
cire-goudron pour enduire le bouchon et la partie
supérieure des bouteilles, dans l'intention de sous-
traire le bouchon et le liquide au contact de l'air.
C'est une pratique excellente pour le vin, mais très-
vicieuse pour les spiritueux, en ce que le goudron
tombe dans les liqueurs lorsqu'on les débouche ; ensuite, si les bouteilles sont exposées longtemps à la
chaleur le goudron se liquifie, s'attache aux mains
et les salit. Le goudron étant soluble dans l'alcool
s'il y a une fuite du liquide à travers le bouchon, la
cire se dissout et le liquide s'écoule ou se vaporise.
Nous conseillons de remplacer ce bouchage dégoû-

tant par les capsules qui n'ont aucun des inconvénients que nous venons de signaler.

L'emploi du goudron doit être surtout proscrit du bouchage des liqueurs qui sont susceptibles d'être exportées dans les pays chauds, car il se fond très-facilement et gâte tout ce qui l'environne.

*Appareil à capsuler.* -- L'usage des capsules nécessite l'emploi d'un appareil pour les fixer. On en a imaginé de diverses sortes, mais aucun ne vaut le prix qu'il coûte : on peut même dire que plus ils coûtent cher et moins ils valent. L'appareil le plus simple que nous sachions et qui est généralement employé, c'est une pédale et une corde qui se dispose d'une certaine manière sur la capsule. (*Voir aux produits œnologiques*) Cela prouve une fois de plus que ce qui est le plus simple est le meilleur. Avec cet appareil, un ouvrier capsule jusqu'à 100 bouteilles à l'heure.

*Capsules.* -- Tout le monde sait qu'une capsule est une sorte de coiffe en étain poli et travaillé qui se place sur la bouteille, recouvre le bouchon et embrasse le goulot jusqu'au bas de l'anneau où elle se ferme à l'aide de l'appareil à capsuler.

Pour qu'une capsule soit bonne, il faut qu'elle soit en étain pur, bien polie, pas trop épaisse et appropriée à la forme des goulots. (*Voir aux produits œnologiques.*)

# VINS DE LIQUEURS.

*Fabrication. — Conservation. — Clarification. — Vins de liqueurs d'imitation. — Conservation. — Clarification.*

Les vins de liqueurs sont des vins fabriqués; ils ne sont pas l'ouvrage de la nature, mais l'œuvre de l'art. Pendant longtemps on a cru (et peut-être y a t-il encore à cette heure des gens qui croient) que le vin de Madère est un vin naturel : il n'en est rien.

*Fabrication.* — Il y a un grand nombre de formules ou recettes de vins de liqueurs ; elles varient selon les localités et la saison. Nous allons passer en revue les principales et les plus faciles.

1ʳᵉ *formule.* — Laissez bien mûrir le raisin, cueillez-le, faites-le sécher pendant quelques jours au soleil, foulez et pressez pour obtenir le jus. Sur une quantité déterminée de vin blanc, ajoutez de ce jus qui n'est qu'un sirop de raisin, et laissez mûrir en futailles. Le maximum du jus ajouté ne doit pas dépasser 50 pour °/₀.

2ᵉ *formule.* — Cueillez le raisin, foulez, pressez-le, désacidifiez le jus en y mettant de la craie lavée, faites évaporer une partie du jus à consistance de sirop et mêlez. Laissez vieillir dans un fût légèrement mêché. La proportion du sirop ajouté varie de 20 à 30 pour °/₀.

3ᵉ *formule.* — Prenez du vin blanc doux, ajoutez-y un quart d'eau-de-vie vieille et du sucre ; mettez dans un fût et conservez.

Comme on le voit, on peut varier les fabrications à l'infini, en ajoutant un peu plus ou un peu moins de jus, de sucre ou d'alcool, en concentrant plus ou moins le moût, etc.

*Conservation.* — Il est facile de conserver les vins de liqueurs ; seulement, il arrive parfois qu'un mouvement de fermentation se prononce dans ceux trop faibles en alcool ; il faut, alors, y en ajouter pour les muter, et les soutirer dans des fûts méchés légèrement.

*Clarification.* — On soutire les vins de liqueurs quand la lie s'est précipitée et on les colle soit à la poudre anglaise, soit à la poudre des vins de liqueurs. Cette dernière est plus active et leur convient mieux en ce qu'elle développe le bouquet.

*Vins d'imitation.* — Tous les vins qui ne sont pas fabriqués avec le moût de raisin prennent le nom de vins d'imitation (on les appelle très-improprement vins factices).

Les vins d'imitation sont généralement inférieurs aux vins naturels ; ce n'est qu'en vieillissant qu'ils s'en rapprochent ; mais, comme ils sont faciles à faire et qu'on les obtient au prix le plus bas, il s'en consomme une grande quantité que l'on confond avec les vins naturels quand ils sont fabriqués avec soin. Que le mot *fabriqué* n'effraie personne ; le fameux vin de Tokai, dont on parle si souvent, n'est qu'un vin fabriqué : c'est un vin de paille qui est bien loin de mériter sa réputation. On fera en France des vins qui le vaudront quand on le voudra et qui pourraient être meilleurs ; mais, comme dit Lenoir : « Tout propriétaire de vignes pouvant en faire, le « vin *de paille* ne vaudra jamais, pour beaucoup de

« gens, le Tokái du *Mézès-Malé*, dont ils n'ont ja-
« mais goûté.... Le vin que boit un empereur est
« toujours ce qu'il y a de mieux, ainsi que son mé-
« decin. »

Voici les formules les plus usitées pour la fabrication des vins de liqueurs d'imitation ou artificiels.
Les doses sont pour 25 litres.

*Alicante.* — Vin de Bagnols vieux......  20 litres.
    Sirop blond de raisin......  2 litres.
    Essence d'Alicante........  1 flacon.
    Alcool à 85°.............  3 litres.

Versez l'essence dans l'alcool, mélangez, laissez
reposer pendant deux mois, collez à la poudre des
vins de liqueurs et soutirez après clarification. Laissez encore deux mois en fûts, collez de nouveau et
mettez en bouteilles. Après six mois de bouteilles
vous aurez un vin parfait.

*Vin de grenache.* — Vin de Collioure...  18 litres.
    Sirop blond de rai-
     sin..............  4 litres.
    Alcool à 85°........  2 litres.
    Essence de grenache  1 flacon.

Opérez comme pour l'Alicante.

*Vin de Malaga.* — Vin de Bagnols......  20 litres.
    Sirop blond de raisin.  3 litres.
    Alcool.............  2 litres.
    Essence de Malaga...  1 flacon.

Opérez comme ci-dessus.

*Muscat de Lunel.* — Vin de Picardan doux  21 litres.
    Sirop blond de raisin.  2 litres.
    Alcool..............  2 litres.

|                                   |            |
|-----------------------------------|------------|
| Essence de muscat de Lunel......... | 1 flacon.  |

Opérez comme ci-dessus.

*Muscat de Frontignan.*—Vin de Picardan sec.......... 20 litres.
Sirop blond de raisin ......... 2 litres.
Alcool......... 3 litres.
Essence de Frontignan ........ 1 flacon.

Opérez comme ci-dessus.

*Vin de Madère.*—Vin de Picardan sec... 22 litres.
Sirop blond de raisin.. 1 litre.
Alcool à 85°......... 2 litres.
Essence de Madère... 1 flacon.

Opérez comme ci-dessus.

*Vin de Xérès.*—Vin de Picardan sec ... 21 litres.
Sirop blond de raisin... 1 litre.
Alcool à 85°.......... 3 litres.
Essence de Xérès...... 1 flacon.

Opérez comme ci-dessus.

*Vin de Lacryma-Christi.*—Vin de Bagnols vieux....... 21 litres.
Sirop blond de raisin....... 2 litres.
Alcool...... 2 litres.
Essence de Lacryma-Christi. 1 flacon.

Opérez comme ci-dessus.

*Vin de Tokaï.*— Vin de Bagnols très-vieux  20 litres.

Sirop blond de raisin...     3 litres.
Alcool ................     2 litres.
Essence de Tokaï......     1 flacon.

Opérez comme ci-dessus.

*Vermouth.* — Vin blanc de Picpoul.....     20 litres.
Sirop blond de raisin.....     2 litres.
Alcool..................     3 litres.
Essence de Vermouth.....     1 flacon.

Opérez comme ci-dessus.

*Conservation.* — Les vins de liqueurs ont besoin de vieillir ; il faut donc les conserver en fûts pendant six mois ; passé ce temps il faut les mettre en bouteilles, ils y gagneront en finesse et en bouquet. On doit avoir soin de tenir toujours les fûts pleins, pour les vins d'imitation du moins ; cette simple précaution en augmente et affine le bouquet.

*Clarification.* — Les vins d'imitation se clarifient comme les vins naturels avec la poudre des vins de liqueurs ou la poudre anglaise.

# SIROPS

*Fabrication des divers sirops. — Sirops artificiels.*

*Fabrication des sirops.* — Il y a une formule unique pour tous les sirops, en ce qui concerne la dose de sucre et d'eau qui est la même pour tous, le parfum seul varie. Voici cette formule générale :

*Sirop de sucre.* — Sucre blanc raffiné.....     50 kilos.
Eau...................     24 litres.
Blancs d'œufs.........     3

Concassez votre sucre et mettez-le dans une bassine en cuivre rouge étamé, versez-y 18 litres d'eau et 6 litres d'eau albumineuse dont nous donnons ci-dessous la formule ; puis, poussez vivement le feu pour faire évaporer l'eau le plus rapidement possible, afin d'éviter la coloration du sirop ; mais tout en ne faisant pas épancher le sirop par-dessus les bords de la bassine. Arrêtez le feu aussitôt que le sirop marque 32° bouillant et passez à travers un blanchet ou une chausse ; puis laissez refroidir. Le sirop pèsera 36° froid.

Ce sirop sert indistinctement à faire des liqueurs ou à fabriquer les sirops parfumés.

Quand on veut avoir des sirops parfaitement incolores pour liqueurs, il faut opérer comme suit :

| | |
|---|---|
| Sucre blanc ........................... | 50 kilos. |
| Eau ................................... | 25 kilos. |

Concasser le sucre, le mettre dans la bassine, le laisser tomber en déliquescence et donner un bouillon rapide pour obtenir la solution complète, puis opérer comme il a été dit plus haut, sans s'arrêter au degré du sirop qui ne pèse, alors, que 28 à 30°.

Pour obtenir l'eau albumineuse dont nous venons d'indiquer l'emploi pour le sirop de sucre, il faut prendre :

| | | |
|---|---|---|
| *Eau albumineuse.* — OEufs avec les coquilles | 3 blancs | |
| Eau ............... | 6 litres. | |

Versez l'eau peu à peu et fouettez avec un balai d'osier, jusqu'à dissolution complète.

*Sirop de fleur d'oranger*, prenez :

Sirop de sucre (ci-dessus)............. 1 dose.
Eau de fleur d'oranger triple......... 5 litres.

Mettez l'eau de fleur d'oranger dans le sirop au moment où il vient d'être passé à la chausse, mélangez vivement et couvrez.

*Sirop de roses.* — Sirop de sucre....... 1 dose.
Eau de roses triple.... 5 litres.

Opérez comme pour le sirop de fleur d'oranger.

*Sirop de capillaire.* — Capillaire du Canada. 2 kilos.
(ou capillaire de Mont-
pellier 3 kilos).
Eau ............... 30 litres.

Versez 6 litres d'eau bouillante sur le capillaire et laissez infuser 2 à 3 heures. Transvasez cette eau dans la bassine et remettez 6 litres d'eau bouillante sur votre capillaire ; laissez infuser 6 heures. Réunissez les deux infusions, filtrez à travers une chausse garnie de papier et faites votre sirop avec cette eau, en agissant comme il est dit pour le sirop de sucre et comme si vous opériez avec de l'eau pure.

*Sirop de thé.* — Thé impérial ............ 800 gr.
— vert ................ 400 gr.

Opérez comme pour le sirop de capillaire.

*Sirop de gomme arabique.* — Gomme arabique
blanche.. 6 kilos.
Eau....... 4 kilos.

Faites dissoudre la gomme dans l'eau, passez dans

un linge pour enlever les impuretés, et jetez cette eau dans le sirop de sucre bouillant. Laissez bouillir 5 minutes et filtrez.

*Sirop de guimauve.* -- Racines de guimauve
        sèche, blanche et
        bien épurée..... 5 kil.
        Eau ............. 28 lit.
        Eau de fleur d'oran-
        ger ........... 1[2 lit.

Faites bouillir dans l'eau pendant 30 minutes et servez-vous de cette eau pour faire le sirop de sucre. Cuisez jusqu'à 32° bouillant, passez au blanchet, laissez refroidir et ajoutez l'eau de fleur d'oranger,

*Sirop d'orgeat.* -- Amandes douces.. 3 kilos.
        -- amères.. 3 kilos.
        Gomme adragante 40 gr.
        Eau de fleur d'o-
        ranger........ 50 centilitres.
        Eau............. 28 litres.

Jetez les amandes dans l'eau bouillante et quand leur peau sera ramollie et distendue, placez-les sur un tamis et passez-les dans l'eau fraîche ; mondez-les de leur peau, broyez-les ensuite dans un mortier ou sébille en bois en ajoutant de l'eau. Quand la pâte est très-fine versez-y de l'eau jusqu'à concurrence de 14 ou 15 litres ; pressez dans un linge ou sous une presse pour obtenir *le lait d'amandes* ; broyez à nouveau avec moitié moins d'eau ; recommencez le pressurage encore deux ou trois fois. Cela fait, jetez cette eau sur un tamis et servez-vous en pour faire fondre votre sucre ; chauffez légèrement la bassine et enlevez du feu aussitôt le sucre fondu. — Ajoutez alors l'eau de fleur d'oranger et la gomme adragante qu'on a dû faire dissoudre à l'avance dans une quantité d'eau suffisante. Mélangez le tout et passez dans un tamis de soie.

Le sirop d'orgeat se conserve difficilement, il faut le mettre au frais pour empêcher la fermentation en été.

*Sirop de groseilles.* — Jus ou conserve de
groseilles.... 26 litres.
— de frambroises   2 litres.

Servez-vous du jus de groseilles pour faire fondre le sucre, cuisez 20 minutes et éteignez le feu.

*Sirop de cerises.* — Jus ou conserve de cerises. 24 lit.
—            de cassis.   1 lit.

Opérez comme pour le sirop de groseilles.

*Sirop de framboises.* — Jus ou conserve de
framboises.. 24 litres.
— de cassis ......   1 litre.

Opérez comme pour le sirop de groseilles.

*Sirop de vinaigre framboisé.* — Vinaigre framboisé............ 11 lit.
Jus ou conserve
de merises...   5 lit.
— de cassis.....   1 lit.
Eau ...........   8 lit.

Opérez comme pour le sirop de groseilles.

SIROPS GLUCOSÉS. — Le besoin de produire des sirops à bas prix a fait imaginer de remplacer une partie du sirop de sucre par du sirop de fécule, dans leur fabrication. On a trouvé le moyen d'en mettre jusqu'à près de moitié ; mais, comme ce sirop masque moins de parfum que le sucre, il faut en réduire la quantité. Ainsi, si on met un tiers de sirop de fécule il faudra diminuer le parfum d'un quart environ et ainsi de suite.

Les sirops *glucosés*, le sirop de gomme surtout, doivent porter cette mention sur l'étiquette ; faute de quoi le débitant serait passible d'une amende ; car, la loi assimile la fabrication et la vente du débitant à celles du pharmacien. Il est probable que dans un temps très-proche cette manière d'apprécier cessera ; car elle est injuste au fond. En effet, le débitant ne vend pas des remèdes à des malades ; mais des boissons de fantaisie à des gens qui se soucient fort peu des propriétés qui leur sont attribuées par la médecine. — Il serait aussi étrange d'aller chercher un remède chez le marchand de vin ou le limonadier que d'aller prendre un verre d'eau-de-vie ou une tasse de café chez le pharmacien.

Sirops artificiels. — Lorsqu'on manque de conserves ou des divers produits avec lesquels on fabrique les sirops fins, et que l'on cherche l'économie avant tout, on a recours aux parfums ou extraits pour fabriquer des sirops dits artificiels. La formule devient alors très-simple.

*Sirop de groseilles.* — 

| | |
|---|---|
| Sucre............... | 20 kilos. |
| Eau ............... | 8 litres. |
| Vin très-coloré.... | 10 litres. |
| Vinaigre fort...... | 1 litre. |
| Essence de sirop de groseilles........ | 1 flacon |

On fait fondre le sucre dans l'eau, et après refroidissement on ajoute le vin, le vinaigre et l'essence de groseilles; puis, on agite et on met en bouteilles.

*Sirop de framboises.* -- Essence de framboises. 1 flacon
Eau de roses...... 1 litre.

Sucre, eau, vin, comme pour le sirop de groseilles.

*Sirop de mûres.* -- Essence de mûres... 1 flacon.
Eau de roses........ 1\|2 litre.

Sucre, eau, vin, comme pour le sirop de groseilles.

*Sirop d'orgeat.* -- Essence de sirop d'orgeat. 1 flacon
Eau de fleur d'oranger... 1 litre.

Le reste comme au sirop d'orgeat naturel.

*Sirop de violettes.* -- Essence de sirop de violettes............ 1 flacon.
Eau de roses........ 1\|2 litre.

Le reste comme au sirop de violettes naturel.

*Sirop d'oranges.* -- Essence de sirop d'oranges. 1 flacon
Acide tartrique......... 250 gr.

Le reste comme au sirop de violettes naturel.

*Sirop de limon.* -- Essence de sirop de limon. 1 flacon.
Acide tartrique ........ 200 gr.
Le reste comme au sirop de violettes naturel.

# PUNCH.

*Punch au rhum, au kirsch, au cognac. — Punch par extraits. — Punch au rhum, au kirsch, au cognac, — Punch-Grassot. — Punch Darolles.*

Si a du sirop de sucre on ajoute du rhum, du kirsch ou du cognac, on obtient une liqueur qui prend le nom de sirop de punch ou simplement punch.

*Punch au rhum.* — Sirop de sucre.....  10 litres.
                    Rhum ...........  8 litres.
                    $3_16°$ de vin .......  6 litres.
                    Esprit de citrons...  50 centil.
                        — d'oranges ...  50 centil.

Mélangez, filtrez après repos. — Produit 25 litres.

*Punch au Kirsch.* — Sirop de sucre.....  10 litres.
                     Kirsch...........  10 litres.
                     Esprit de noyaux...  2 litres.
                     Alcool ...........  3 litres.

Opérez comme ci-dessus.

*Punch au cognac.* — Sirop de sucre......  10 litres.
                     Eau-de-vie de cognac.  14 litres.
                     Esprit de capillaire...  1 litre.

Opérez comme ci-dessus.

PUNCH PAR EXTRAITS. — Par mesure d'économie et pour imiter certains punchs estimés du public, on a recours aux extraits. Voici les formules les plus connues :

| *Punch au rhum.* -- Rhum | 6 litres. |
| Alcool | 9 litres. |
| Extrait de punch au rhum | 1 flacon |
| Sirop de sucre | 10 litres. |

Opérez comme ci-dessus.

| *Punch au Kirsch.* -- Sirop de sucre | 10 litres. |
| Alcool | 15 litres. |
| Extrait de punch au kirsch | 1 flacon. |

| *Punch au cognac.* — Sirop de sucre | 10 litres. |
| Alcool | 15 litres. |
| Extrait de punch au cognac | 1 flacon. |

| *Punch-Grassot.* — Sirop de sucre | 10 litres. |
| Alcool | 10 litres. |
| Rhum | 5 litres. |
| Extrait de punch-Grassot. | 1 flacon |

| *Punch Darolles.* — Sirop de sucre | 10 litres. |
| Alcool | 10 litres. |
| Rhum | 5 litres. |
| Extrait de punch Darolles | 1 flacon. |

Les extraits donnent la dose de parfum et d'assaisonnement nécessaire ; sans eux le punch ne serait que de l'alcool sucré.

# SIROP DE FÉCULE.

*Son emploi dans la fabrication des liqueurs.*

Le sirop de fécule est employé à la fabrication des liqueurs dans lesquelles il remplace le sucre dans une certaine proportion ; mais son emploi a surtout pour but de donner de la densité aux liqueurs, densité qu'elles ne pourraient avoir sans y ajouter une forte quantité de sucre, ce qui en augmenterait le prix ; attendu qu'un litre de sirop de sucre à 36° contient 900 gr. de sucre et revient en moyenne à 1 fr. 40, tandis qu'un litre de sirop de fécule à 36° ne coûte en moyenne que de 40 à 60 centimes. Ce n'est que depuis quelques années qu'il a atteint ce dernier prix qui est exorbitant. On voit donc qu'à densité égale, le sirop de fécule coûte deux fois moins que le sirop de sucre.

Quand ce sirop est bien fait, que la décomposition de la fécule a été soigneusement menée, il est transparent, ne contient pas de gomme et s'identifie parfaitement au sucre ; il ne dépose pas plus que lui et donne plus de velouté et de fraîcheur aux liqueurs ; mais il couvre moins le parfum, et les arômes qu'il retient ont moins de finesse : c'est pourquoi il n'entre que dans la composition des liqueurs ordinaires, demi-fines et fines. Il est tout-à-fait exclu des liqueurs surfines.

Quand on emploie un sirop de fécule dont on n'est pas certain ; il faut laisser les liqueurs en fûts pendant douze jours au moins avant de les filtrer, et les coller à la poudre clarifiante ; avec cette simple précaution, on évitera les dépôts en bouteilles.

Un autre inconvénient du sirop de fécule, inconvénient qu'il a de commun avec le sirop de sucre, c'est qu'il cristallise parfois dans les bouteilles. Cela est facile à éviter.

Le sucre de fécule comme le sucre ordinaire n'est pas soluble dans l'alcool ; or, quand la proportion d'alcool est trop forte, le glucose se précipite. Pour remédier à cet accident, il suffit de laisser la liqueur pendant huit ou dix jours en fût. Ce temps est suffisant pour que le dépôt se forme ; on reprend alors cet excès de sucre, s'il est fixé aux parois du vase, avec un peu d'eau bouillante.

Le sirop de sucre produit très-souvent cet effet qui, comme nous l'avons dit, a la même cause ; cependant il arrive quelquefois que la dose de sucre et d'alcool n'est pas trop forte et que des cristaux se remarquent au fond des bouteilles ; la cause de cette décomposition est que le sirop a été cuit à plus de 34° bouillant ou que l'on n'a pas eu le soin de le boucher au moment de l'extinction du feu ; il s'est formé alors du candi qui surnage à la surface et qui finit par se déposer plus tard.

Le sirop de fécule rend de grands services à la distillation pour la fabrication des liqueurs communes et celle des sirops ordinaires ; car on peut le faire entrer dans les proportions suivantes :

Pour les liqueurs ordinaires,    3[4 sirop et 1[4 sucre.
    —     demi-fines,    moitié et moitié sucre.
         fines,    1[4 sirop et 3[4 sucre.

Pour les sirops ordinaires, moitié sirop moitié sucre.
— demi-fins, 1|3 tiers 2|5 sucre.
— fins, 1|4 5|4 sucre.

Le sirop de fécule se conserve d'une année à l'autre quand il est bien fait, à un degré élevé et placé dans une cave bien fraîche; à 32 et 34 degrés, dans un local à 16°, il peut fermenter assez rapidement.

Exposé à la gelée, le sirop de fécule se prend en masse et devient grenu; mais cette transformation ne lui ôte rien de ses qualités; seulement il est plus long à se dissoudre, et dans ce cas il faut employer un peu d'eau bouillante.

Le sirop de fécule est incristallisable à proprement dire, car les masses grenues qu'il forme ne sont pas des cristaux complets.

On a cherché à cristalliser le sirop de fécule, sans y parvenir d'une manière complète; cependant, il paraîtrait que depuis longtemps déjà, le docteur Gall, de Trèves (Prusse) a trouvé le moyen de faire opérer cette cristallisation. En 1858, ce savant nous écrivait qu'il poursuivait activement ses recherches et qu'il espérait bientôt que l'on vendrait le sucre de fécule cristallisé comme le sucre de betteraves. Depuis cette époque, nous n'avons rien appris du résultat de ses recherches.

Le sirop de fécule a une foule d'emplois; plus de vingt industries diverses s'en servent; il n'y a pas jusqu'aux fabricants de parfumerie qui l'emploient; malheureusement, depuis quelques années la chèreté des fécules en a fait augmenter considérablement le prix et restreint l'usage.

# CIDRE ET POIRÉ.

*Fabrication du cidre. — Refermentation des marcs. — Coloration. — Conservation. — Clarification. — Maladies. — Poiré. — Eau-de-vie de cidre.*

Le cidre et le poiré sont un vin d'une précieuse ressource pour les contrées où la vigne ne produit plus ; on doit donc s'attacher à en tirer le meilleur parti ; car il est du cidre comme du vin : avec des soins on peut obtenir une bonne boisson là où elle est d'habitude très-mauvaise.

*Fabrication.* Pour faire du bon cidre, il faut des pommes bien mûres et bien saines, contrairement au préjugé qui est répandu dans certaines contrées de la Normandie où l'on croit qu'il faut un tiers de pommes *mêlées* (mi-gâtées).

Les pommes piquées des vers ont une maturité anticipée qui les rend propres à faire un bon cidre ; ne les rejetez donc pas dans les années de disette.

La première amélioration que nous demanderons, c'est de cueillir les pommes et non de les gauler : les meurtrissures y font grand mal en désorganisant les tissus du fruit et en modifiant les principes de la fermentation.

Mettre en tas les pommes cueillies, les y laisser subir une sorte de fermentation est chose connue, utile. Les piler, les presser et en extraire le jus sont choses faciles.

Il faut diriger la fermentation d'après les données que nous avons citées à propos du vin, avec cette différence que la densité du moût et très-faible, et que l'on n'a pas à s'en occuper du moment que l'on opère avec le jus naturel de la pomme, ou même avec une légère addition d'eau, résultant des recoupages de marcs et du nettoyage des ustensiles.

*Refermentation des marcs.* Dans les années de disette, nous conseillons d'opérer la refermentation comme nous l'avons dit pour les marcs de raisins ; on obtiendra ainsi une récolte double qui aura un prix inestimable pour la plupart des maisons qui n'ont pas d'autre boisson. Dans ce cas, nous ferons remarquer que la dose de sucre peut être moindre, et qu'au lieu de sucrer l'eau à 8° on peut ne la sucrer qu'à 6° ; quant à tout le reste, suivre exactement les quantités données pour obtenir les mêmes qualités proportionnelles. Dans tous les cas, on peut facilement doubler la quantité du cidre ; car l'analogie du vin de sirop de fécule avec le cidre est beaucoup plus grande qu'entre le vin de raisin et le vin de fécule ; un praticien nous a assuré avoir obtenu des résultats surprenants, soit de refermentation de cidres vieux avec du sirop de fécule, soit même de vinification simple à l'aide du sirop de fécule, qui produisait une boisson imitant le cidre et le dépassant en vinosité.

*Coloration.* Il arrive souvent que le cidre est presque incolore, tandis que la vente exige qu'il soit coloré. Pour se conformer à cet usage ou au désir de l'acquéreur, on peut le colorer avec le caramel si on le veut jaune, ou avec la *Teinte Bordelaise*, ou encore avec le *vin de couleur* qui servent à colorer le vin.

*Conservation.* Il n'y a pas de liqueur aussi négligée que l'est le cidre ; on le fabrique mal, on le loge dans des fûts mal soignés, et on l'abandonne à lui-même. Il n'est pas étonnant qu'après sept mois de fabrication ce ne soit plus que du vinaigre, ou tout au moins une boisson fort désagréable et très-peu salubre pour quiconque n'y est pas habitué. Rien n'est plus facile que de faire de bon cidre si ce n'est de le conserver. Soutirez au printemps, entonnez dans des futailles carbonisées à l'intérieur et collez à *la poudre anglaise*. Soutirez à nouveau, 15 jours après, remplissez exactement et bondonnez : visitez de temps en temps. Avec ces simples précautions, vous aurez un cidre qui se conservera plusieurs années, qui sera limpide et ne s'aigrira que très-difficilement. Il sera vineux et très-agréable à boire ; conservez en cave à 10° ou 12° R. au plus.

On peut conserver du cidre sans qu'il s'altère en le soutirant dans des fûts soufrés, trois fois par an. — Les Anglais conservent leur cidre presque doux pendant 7 ou 8 ans, en le soutirant aussitôt qu'il commence à bouillir après le pressurage, et ils recommencent cette opération chaque fois que la fermentation se reproduit.

*Clarification.* Si vous demandez pourquoi le cidre n'est pas clair on vous répondra que c'est qu'il ne s'est pas éclairci ; et si vous dites qu'il faut le coller, on vous dira qu'on n'en a pas l'habitude, à moins cependant que dans certaines années, pour ne pas boire de la bouillie, on se soit décidé à y jeter des cendres de poirier.

Nous avouons n'avoir pas compris, et beaucoup d'autres seront comme nous, d'où est venu l'usage de jeter des cendres dans le cidre, ou même de la chaux vive : cette addition n'a aucune influence, aucune action clarifiante ; la seule propriété qu'elle ait c'est de désacidifier le cidre, par conséquent de le rendre plus doux.

La quantité de lie est considérable dans le cidre ; elle s'élève parfois jusqu'à 15 et 20 litres par pièce de 230 litres ; on voit quelle perte immense produisent l'ignorance et la routine ; en collant, il n'y aurait pas plus de 2 à 3 litres de lie.

Rien de plus simple que la clarification : elle se fait avec 30 grammes de poudre anglaise (*Voir aux produits œnologiques*), et elle a lieu en 48 heures, sans enlever au cidre aucune de ses propriétés, ni la plus faible partie *de sa force*.

Le cidre pourrait devenir une boisson très-répandue s'il était soigneusement fait, soutiré, conservé et clarifié ; nous connaissons bon nombre de personnes qui en feraient un usage permanent, tout en ayant du vin dans leur cave.

Le paysan qui fait du cidre est tellement ignorant et peu intelligent, que dans la crainte de dépenser 25 centimes pour clarifier une pièce de cidre, il préfère jeter 10 litres et plus de son meilleur produit.

*Maladies.* Les maladies du cidre se traitent et se guérissent comme celles du vin blanc : elles ont les mêmes causes.

POIRÉ. Tout ce que nous avons dit du cidre est applicable au poiré. Le poiré est plus vineux que le cidre, et s'il était mieux fait il aurait une grande vogue. On se sert du poiré à Paris pour allonger les vins blancs, ou même les remplacer ; pour cela on y ajoute de l'eau dans de fortes proportions.

EAU -DE-VIE DE CIDRE ET POIRE. On retire du cidre

une eau-de-vie d'assez bonne qualité ; on peut en retirer aussi des marcs. Ces eaux-de-vie portent avec elles le goût particulier aux principes qui leur ont donné naissance ; mais on peut les améliorer par tous les moyens que nous avons indiqués à l'article *Eaux-de-vie.*

Les eaux-de-vie de cidre ne s'exportent guère ; on les consomme dans le pays où elles sont produites ; on est habitué à leur goût et on ne s'enquiert guère de les améliorer. Cependant, le débitant ou le marchand pourrait facilement en doubler la valeur en leur faisant subir le traitement qui suit :

Pour 100 litres eau-de-vie de cidre, prenez :

Sirop de raisin..................................... 4 litres.
Rancio............................................. 1 flacon.
Tafia.............................................. 2 litres.
Eau................................................ 2 litres.
Poudre clarifiante................................. 50 gr.

Délayer le sirop dans l'eau bouillante, verser dans le fût ; mêler le tafia au rancio, verser dans le fût, agiter et coller avec la poudre, comme il est d'usage, et bonder hermétiquement. Trois mois après ce traitement, cette eau-de-vie vaut certains cognacs que l'on paie bien cher, surtout si on l'a colorée avec de la charentaise.

# BIÈRE.

*Malt. — Houblon. — Fabrication de la bière. —Classification. — Maladies. — Bière de Bavière (remarques). —Ferment. —Améliorations et observations.*

Nous ne prétendons pas donner ici de grands détails sur la fabrication de la bière ; notre but est de signaler les erreurs, d'indiquer le remède au mal et de donner les formules des meilleures bières.

*Malt.* Tous les brasseurs connaissent l'art de préparer le malt, mais la plupart commettent une faute grave en le faisant trop dessécher. Le malt pâle est préférable au malt ambré et celui-ci au malt brun ; plus on chauffe le malt et plus la matière sucrée s'altère et diminue ; de telle sorte que le malt brun donne une liqueur moins vineuse que le malt pâle. La fermentation est également moins bonne avec le malt brun et plus difficile.

Dans quelques localités on recherche le goût de *brûlé* et alors on est obligé de torréfier le malt ; il y a deux moyens d'atteindre ce but sans dénaturer le malt. Le premier consiste à colorer fortement avec du caramel *dit de raisin (Voir aux produits pour la brasserie)*, le second à torréfier du son de bière ou de la drèche arrosée d'un peu de mélasse : 6 kilos par 100 kilos de son frais.

Il serait à désirer pour la Brasserie qu'il s'établît des fabriques de malt ; on le ferait mieux et à moins de frais ; il y a quelques établissements de ce genre en Angleterre où on le prépare et d'où il est ensuite livré aux brasseurs.

Il est très facile de reconnaître si le grain a été malté ou simplement chauffé. Il suffit pour cela de le jeter dans un verre d'eau. Le grain malté surnage, celui qui ne l'a pas été ou qui l'a été incomplètement tombe au fond.

*Houblon.* — Le bon houblon est résineux, visqueux au toucher ; il adhère aux doigts ; il est aromatique et sa couleur est vive ; ses graines sont olive. Si le houblon est vert, il a été cueilli trop tôt ; s'il est brun il a été cueilli trop tard ; trop vieux il a perdu une partie de sa force ; trop vert il n'a pas d'arôme.

*Fabrication de la bière.* — Nous allons donner la formule des principales bières de France et de l'Etranger.

*Bière de Strasbourg.* — Pour 20 hectolitres de bière, prenez :

| | |
|---|---|
| Malt..................... | 600 kilos. |
| Houblon ................ | 12 kilos. |
| Eau ..................... | 25 hectolitres. |

Portez l'eau à l'ébullition si votre eau est crue, séléniteuse ou calcaire, envoyez-en à la cuve-matière et refroidissez à 32 degrés centigrades ; ajoutez le malt, brassez, en une pâte légère, laissez infuser une heure. — Après ce temps, renvoyez encore de l'eau bouillante jusqu'à ce que le malt se soulève, et *mâchez* (brassez ou mélangez) pendant 5 minutes. Cela fait, donnez encore de l'eau chaude en continuant de mâcher, et, quand les deux tiers environ de l'eau chaude ont passé dans la cuve, on s'assure du degré de la température qui doit être de 65 à 66° centigrades. On cesse l'addition de l'eau, on mâche 25 minutes et on couvre la cuve.

Une heure après on décante le moût en le faisant couler dans la cuve et on le conduit à l'aide de la pompe dans le bac à moût où on le maintient chaud jusqu'au moment de l'envoyer dans la chaudière à cuire.

On introduit l'eau de la chaudière qui est en ébullition, sous le faux-fond de la cuve-matière et on procède à la seconde trempe ; on mâche 25 à 30 minutes, et on opère comme pour la première trempe.

On peut procéder à une troisième trempe ; mais elle est inutile ; le malt est épuisé.

On fait le soutirage du premier métier aussitôt que la drèche s'est précipitée. — A ce moment le moût doit marquer 50 degrés centigrades, en coulant dans la chaudière à cuire, où on a mis le houblon aussitôt que l'eau de la seconde trempe en a été extraite.

On agite le moût et le houblon ensemble, pour les bien mêler et on chauffe vivement.

Une demi-heure après on monte la seconde trempe dans la chaudière ; on pousse la cuisson jusqu'à ce qu'il y ait environ un cinquième de réduction pour la bière rouge-cerise et un sixième pour la bière jaune d'or.

Pendant les grandes chaleurs on augmente la dose de houblon.

Quand la bière est concentrée au point voulu, on l'envoie au rafraîchissoir en la faisant passer à la cuve-matière pour y déposer le houblon, ainsi que les matières qui se précipitent en moins d'une heure ; on tire à clair et on envoie sur les bacs, où elle descend vite à la température de l'atmosphère. On la fait passer dans la cuve-guilloire et on met en levûre avec 8 litres de levûre nouvelle à la température de 15 ou 18° centigrades au plus, et on entonne dans des fûts de 4 à 5 hectolitres en été et plus grands en hiver.— On place les fûts dans une pièce à 10 ou 12 degrés centigrades.

La fermentation s'établit, et après 24 heures le jet d'écume se ralentit et celui de levûre commence pour finir en 24 heures en été et 36 heures en hiver. Alors, on remplit et on continue de 12 heures en 12 heures ; ces remplissages se font avec de la bière soutirée de la levûre et des écumes ; il faut se garder de les faire avec de la vieille bière.

On soutire après quelques jours de repos. La bière de Strasbourg ne se colle pas quand on la laisse quelque temps avant de la livrer à la consommation.

*Bière de Bavière.* -- Pour faire 90 hectolitres de bière de Bavière, prenez :

| | |
|---|---|
| Malt d'orge pâle, bien sec..... | 13 hectolitres. |
| Houblon ..................... | 24 kilos. |
| Levûre de fond............... | 1 litre. |
| Colle de poisson............. | 500 grammes. |
| Benoite ..................... | 2 kilos. |
| Eau......................... | 100 hectolitres. |

Opérez comme ci-dessus, avec cette différence qu'on met en levûre à 12 ou 13°. -- L'entonnage de la bière ne se fait qu'après que la fermentation s'est terminée dans la cuve. On transporte dans des caves sans courant d'air.

*Bock.* Pour faire 30 hectolitres de Bock, prenez :

| | |
|---|---|
| Malt pâle.................... | 18 hectolitres. |
| Houblon..................... | 24 kilos. |
| Colle de poisson............. | 500 grammes. |
| Graine de coriandre.......... | 500 grammes. |
| Chardon bénit............... | 500 grammes. |
| Levûre de fond............... | 1 litre. |

Opérer comme ci-dessus, mais laisser cuire le houblon moins longtemps (une heure et demie seulement); on ajoute la coriandre et la colle de poisson dans le moût bouillant 20 minutes avant d'éteindre le feu. -- On colore fortement.

*Bière de fécule*. Cette bière est rapidement faite et elle est très-économique. -- Pour faire 20 hecto-litres, prenez :

| | |
|---|---|
| Eau bouillante............... | 21 hectolitres. |
| Sirop de fécule............... | 350 kilos. |
| Houblon .................... | 12 kilos. |
| Coriandre .................. | 500 grammes. |
| Benoîte ................... | 500 grammes. |
| Levûre de fond............. | 1 litre. |
| Caramel de raisin........... | 3 litres. |

Faites bouillir le houblon, la coriandre, la benoîte pendant deux heures, faites passer l'eau dans la cuve-matière, ajoutez le sirop et le caramel; laissez dépo-ser une heure, rafraîchissez à 15° et mettez en le-vûre.

Procédez à une décantation de l'eau houblonnée, afin que le houblon n'entraîne pas du marc avec lui.

Pour donner du piquant à cette bière on peut y ajouter 100 grammes d'acide tartrique par hecto-litre ; l'acide s'ajoute en même temps que le sirop.

On clarifie avec la colle de poisson ou tout autre colle si on est obligé de livrer de suite à la consom-mation.

On fait des bières mixtes avec de l'orge et du sirop de fécule dans diverses proportions.

*Porter*. Pour 50 hectolitres de porter, prenez :

| | |
|---|---|
| Malt..................... | 20 hectolitres. |
| Houblon .................. | 45 kilos. |
| Eau ...................... | 70 hectolitres. |

Faites 4 infusions où trempes. La première avec 25 hectolitres d'eau, à 69°. La seconde avec 20 hectolitres, à 74°. La troisième avec 15 hectolitres d'eau à 80° et la quatrième avec 10 hectolitres à 82°. — Opérez comme pour la bière de Strasbourg et réduisez à 50 hectolitres.

*Ale.* Pour 65 hectolitres, prenez :

| | |
|---|---|
| Malt pâle.................. | 87 hectolitres. |
| Houblon.................. | 100 kilos. |
| Eau.................. | 100 hectolitres. |

Opérez comme pour le porter et réduisez à 65 hectolitres.

*Clarification.* La clarification pour la bière faible est un agent de destruction ; il ne faut donc clarifier que quand il est impossible de ne pas le faire. On clarifie soit avec la colle de poisson, soit avec la *Poudre des brasseurs.* Ce dernier agent est préférable au premier ; mais il est un peu plus lent. On l'emploie comme la poudre anglaise, pour le vin, à la dose de 20 grammes par hectolitre, quand la fermentation de la bière est terminée.

Si la bière est nuageuse et rebelle, il faut aider l'action de cette poudre en ajoutant une cuillerée d'acide sulfurique par hectolitre. On jette cet acide dans le fût avant la dissolution de poudre. L'acide se combine avec les matières glutineuses et mucilagineuses qui surnagent et donne naissance à un composé nouveau : employé à cette dose, l'acide sulfurique n'est point nuisible.

*Conservation.* Le meilleur moyen de conserver la bière, c'est de la mettre dans de grands fûts, surtout en été, mais cette boisson se conserve généralement mal, parce qu'elle est ordinairement mal fabriquée, que les ustensiles dont on se sert sont nettoyés avec trop peu de soins et que la levûre est de mauvaise qualité. Il n'y a guère qu'en Bavière où l'on fasse des bières de garde ; cela tient à un procédé particulier de mise en fermentation (voir plus loin).

La levûre subit des altérations de toute nature et c'est à cela qu'il faut attribuer la plupart des maladies qui affectent la bière, en été. On y remédie par l'emploi de la *levure anglaise* (*Voir aux produits œnologiq.*) et du *ferment*. Ces produits modifient l'action de la levure, le travail de la fermentation, et ajoutent au moût des principes indispensables à une bonne conservation, en même temps qu'ils influent d'une manière favorable sur le bon goût, la saveur de la bière et la clarification.

*Maladies.* La bière est sujette comme le vin à bien des maladies qui sont la graisse, les goûts de fût, de moisi, l'aigre, etc.

La graisse se guérit en quelques heures par l'emploi de la poudre Brown (*Voir aux produits œnologiques*). On la prévient par l'emploi du ferment chimique.

Les goûts de fûts et de moisi sont difficiles à enlever ; on les atténue avec la poudre *revivifiante* des vins.

La bière aigre est rappelée à son état normal ou à peu près avec la *poudre Trumann* (*Voir aux produits œnologiques.*)

Quant aux bières *revêches* on les clarifie avec de l'acide sulfurique, mais souvent ce remède échoue. On prévient cette maladie par l'emploi du ferment chimique.

Il y a une altération à laquelle la bière est sujette aussi ; c'est la perte de force, ce que les brasseurs nomment *bière plate* ou *éventée*. Cette altération provient d'une mauvaise fermentation ou d'une fermentation incomplète. On la guérit en la faisant fermenter avec un peu de nouvelle bière, ou mieux encore en y ajoutant de *l'extrait de porter*, *(Voir aux produits œnologiques)* ou des lies de vin fraîches.

Il y a encore des bières qui ne moussent pas, ou qui moussent difficilement, on les fait mousser à l'aide du *mousse-bière*. *(Voir aux produits œnologiques.)* en 24 heures.

## BIÈRE DE BAVIÈRE.

### (Remarques).

Les bières de France et d'Angleterre et même de l'Allemagne se conservent peu, tandis qu'en Bavière elles se conservent indéfiniment, sans s'aigrir, même dans des fûts à moitié pleins. Cette propriété de se conserver provient de la manière de faire fermenter le moût, appelé *fermentation avec dépôt*. Voici les détails de cette fabrication d'après Liébig.

Le moût de bière est, en proportion, bien plus riche en gluten soluble qu'en sucre ; lorsqu'on le met en fermentation d'après le procédé ordinaire, il s'en sépare une grande quantité de levûre à l'état d'écume épaisse, à laquelle s'attachent les bulles d'acide carbonique qui se dégagent, la rendent spécifiquement plus légère, et la soulèvent vers la surface du liquide. Ce phénomène s'explique facilement. En effet, puisque dans l'intérieur du liquide, à côté des particules de sucre qui se décomposent, il se trouve des particules de gluten qui l'oxident en même temps, et enveloppent pour ainsi dire les premières, il est naturel que l'acide carbonique du sucre et le ferment insoluble provenant du gluten se séparent simultanément et adhèrent l'un à l'autre. Or, lorsque la métamorphose du sucre est achevée, il reste encore une grande quantité de gluten en dissolution dans la liqueur fermentée, et ce gluten, en vertu de la tendance qu'il présente à s'approprier l'oxigène et à se décomposer, provoque aussi la transformation de l'alcool en acide acétique; si on l'éloignait entièrement, ainsi que toutes les matières capables de l'oxider, la bière perdrait par là la propriété de s'aigrir. Ce sont précisément ces conditions que l'on remplit dans le procédé suivi en Bavière.

Dans ce pays, on met le moût houblonné en fermentation dans des bacs découverts, ayant une grande superficie, et disposés dans des endroits frais, dont la température ne dépasse guère 8 à 10° centigrades. L'opération dure trois à quatre semaines; l'acide carbonique se dégage, non pas en bulles volumineuses, éclatant à la surface du liquide, mais en vésicules très-petites, comme celles d'une eau minérale, ou d'une liqueur qui est saturée d'acide carbonique, et sur lequel on diminue la pression. De cette manière, la surface du liquide est constamment en contact avec l'oxigène de l'air; elle se couvre à peine d'écume, et tout le ferment se dépose au fond des vaisseaux, sous la forme d'un limon très-visqueux nommé *lie*.

La lie ne provoque pas les phénomènes de la fermentation tumultueuse, c'est pour cela qu'elle est tout-à-fait impropre à la panification, tandis que la levûre superficielle seule peut y servir. Cette levûre de dépôt est une matière toute spéciale; ce n'est pas le *précipité* qui se dépose au fond des cuves dans la fermentation ordinaire de la bière ; mais c'est une matière entièrement différente. Il faut des soins tout particuliers pour se la procurer à l'état convenable. Dans le principe, les brasseurs de Hesse et de Prusse trouvaient toujours plus d'avantage et de sûreté à l'aller chercher à Wurtzbourg ou à Bamberg en Bavière, qu'à la préparer eux-mêmes. Une fois la première fermentation bien établie et bien réglée, on en obtient en abondance pour une autre et pour toutes les opérations suivantes.

A quantité égale d'orge germée, la bière fabriquée avec dépôt contient plus d'alcool et est plus capiteuse que celle que l'on obtient par les procédés ordinaires. Dans plusieurs états de la Confédération Germanique, on a fort bien reconnu l'influence favorable qu'exerce sur la qualité de la bière l'emploi d'un procédé rationnel pour faire fermenter le moût. Ainsi, dans le grand duché de Hesse, on a proposé des prix considérables pour la fabrication de la bière d'après le procédé que l'on suit en Bavière.

Ni la richesse en alcool, ni le houblon, ni l'un et l'autre réunis, n'empêchent la bière de s'aigrir. En Angleterre on parvient, en sacrifiant les intérêts d'un capital immense, à préserver de l'acidification les bonnes sortes d'ale et de porter, en les laissant séjourner pendant plusieurs années dans des fûts énormes bien clos, dont le dessus est couvert de sable, et qui sont entièrement remplis. Ce procédé est identique avec le traitement que l'on fait subir aux vins pour qu'ils *déposent*.

Faire en sorte que la fermentation du moût de bière s'accomplisse à une température basse qui empêche l'acidification de l'alcool, et que toutes les matières azotées s'en séparent parfaitement par l'intermédiaire de l'oxigène de l'air, et non pas aux dépens des éléments du sucre, voilà le secret des brasseurs de Bavière. C'est au mois de mars et d'octobre que se fabrique la bière dans ce pays. Les brasseries sont pour ainsi dire fermées pendant l'été.

*Ferments.* En Allemagne, et surtout en Bavière, on distingue deux espèces de ferments de bière. la levûre ordinaire et le ferment de dépôt. MM. Liébig et Mitselerlich ont insisté sur cette distinction qui, dans la pratique, est fort importante, car elle permet d'obtenir, au gré du fabricant, des bières légères d'une conservation passagère, ou des bières fortes et d'une longue conservation. La bière forte de Bavière n'est pas fabriquée en France, il n'est donc pas étonnant qu'on n'ait pas insisté jusqu'ici sur la différence de ces ferments alcooliques et dès circonstances accessoires indispensables pour produire cette espèce particulière de boisson.

On distingue donc deux espèces de ferments; le ferment de bière ou de la *fermentation vive,* et le ferment de la lie ou de la *fermentation lente.* Turpin et Quévenne ont démontré : 1° que la levûre de bière ou le ferment pur est un amas de petits corps globuleux organisés, et non une substance simplement organique ou chimique, comme on le supposait ; 2° que ces corps paraissent appartenir au règne végétal et se régénérer de deux manières différentes ; 3° et qu'ils semblent n'agir sur une dissolution de sucre qu'autant qu'ils sont en état de vie.

Cagniard a remarqué : 1° que cette matière peut se développer très-rapidement, même au sein de l'acide carbonique dans la cuve des brasseurs ; 2° qu'elle ne périt point par le refroidissement

14

même le plus considérable ni par la privation d'eau. A ce propos nous signalerons ce fait, c'est qu'on a lavé de la levûre de porter, on en a expulsé l'eau au moyen d'une presse mue par la vapeur, ce qui lui a donné une grande dureté. Elle s'est ainsi trouvée si bien séchée, qu'elle a pu être expédiée aux possessions anglaises des Indes orientales où elle a donné les résultats qu'on en attendait.

Cependant, la levûre perd sa propriété fermentescible, si elle est *desséchée complètement*, si elle a été bouillie pendant un grand espace de temps, si elle est arrosée d'alcool pur, d'acide très fort, comme l'acide sulfurique ; si elle est mise en contact avec des huiles grasses ou volatiles en grande quantité.

La levûre de bière ne produit la fermentation que sur des liquides qui contiennent 14 à 15 pour 100 d'alcool, au delà la fermentation est nulle. La levûre de fond ou ferment de lie excite la fermentation sur des liquides qui en contiennent de 18 à 20 pour 100.

*Amélioration et observations.* L'expérience a démontré que l'eau qui sert aux trempes ne doit pas être mise sur le malt à plus de 85° centigrades, soit 68° R.

Il ne faut pas brasser le malt trop longtemps ; 25 à 30 minutes suffisent. En brassant trop peu on perd de la matière sucrée, en brassant trop on force l'eau à dissoudre des matières glutineuses et la bière devient pesante, visqueuse, indigeste et difficile à clarifier.

Si le moût est bouilli trop longtemps il devient impropre à une bonne fermentation.

Il est inutile de faire bouillir le moût et le houblon ensemble ou même l'infusion de houblon.

Le houblon infusé pendant 3 ou 4 heures à une douce chaleur, et non bouilli, produit une bière meilleure, plus délicate et d'une garde bien supérieure.

Le moût fermenterait seul, sans addition de ferment ou de levûre si on ne détruisait pas son principe fermentescible par l'ébullition.

La levûre de bière pousse plutôt à la fermentation acide qu'à la fermentation vineuse ou alcoolique. Les brasseurs commettent donc une faute grave en faisant bouillir le moût, puisqu'ils empêchent la fermentation qu'ils sont obligés de rappeler en employant une grande quantité de ferment ou levûre.

Le malt trop séché et à trop grand feu et le houblon fortement bouilli sont les principales causes des maladies de la bière. Ils les rendent difficiles à clarifier, revêches ou grises, etc., etc.

On peut faire de la bière avec du grain non germé, mais simplement bouilli dans l'eau. Les peuplades des Indes préparent ainsi une boisson de riz qui se garde pendant plusieurs années; en Russie les paysans font une sorte de bière avec du grain non malté; mais l'expérience a démontré qu'il y a une perte de 30 à 40 pour 100 à employer du grain non germé, parce qu'il fournit une substance moins soluble dans l'eau et que la fermentation est moins bonne que quand il a subi cette opération.

Ne mélangez jamais la bière vieille avec la bière nouvelle, avant que celle-ci ait achevé complètement sa fermentation, autrement vous feriez du vinaigre.

# DU VINAIGRE.

*Fabrication du vinaigre. — Remontage. — Décoloration. — Conservation. — Clarification. — Vinaigre d'acide. — Coloration en rouge des vinaigres blancs.*

Il y a une foule de procédés et de systèmes de fabrication du vinaigre : un volume ne suffirait pas à les enregistrer toutes. Nous devons nous borner à rapporter celles qui sont les plus pratiquées et les plus économiques. On fait du vinaigre avec du sucre, du vin, de l'alcool, les mélasses, les sirops, etc., etc. Chaque méthode donne un résultat à peu près identique et les produits varient peu de qualité ; c'est au fabricant à rechercher le système le plus en rapport avec ses besoins.

*Fabrication à méthode orléanaise. — Vinaigre de vin.* 1° On dispose, dans un endroit approprié à cet usage, des tonneaux qui ont une ouverture en haut du fond, de 4 à 5 centimètres de diamètre, au lieu d'une bonde.

2° On remplit à moitié ces futailles avec de bon vinaigre et on ajoute 10 litres de vin à chacune.

3° Huit jours après on remet encore 10 litres de vin et ainsi de suite de huit jours en huit jours jusqu'à ce que le tonneau soit plein.

Si on opère en été, par les grandes chaleurs, on peut mettre 10 litres de vin tous les 4 ou 5 jours.

4° Quant le vin est entièrement acétifié on soutire la moitié du liquide et on recommence l'opération.

On voit que cette méthode est simple et peu dispendieuse ; mais elle a l'inconvénient d'être lente ; surtout si on ne chauffe pas l'atelier quand la température est froide.

*Vinaigre d'alcool.* 1° On remplit de copeaux de hêtre une cuve de 5 à 6 hectolitres.

2° On chauffe l'atelier à 25° et on entretient cette température ;

3° On arrose les copeaux pendant 4 ou 5 jours de suite avec de bon et fort vinaigre qu'on rejette sans cesse sur les copeaux au moyen d'un arrosoir à pomme.

Cela fait, on soutire le vinaigre qui a perdu sa force et on l'utilise en l'ajoutant à du plus fort, par petites parties, et on opère comme il suit, cette opération n'ayant pour but que de se procurer des copeaux acétifiés :

1° Le matin, on chauffe l'atelier jusqu'à 50 ou 52° Réaumur ou 40° centigrades. Alors, on verse dans la cuve, au moyen d'un arrosoir à pomme, un mélange composé de :

| | |
|---|---|
| Ferment........................ | 1 litre. |
| Eau-de-vie...................... | 1 litre. |
| Eau chaude à 25°................ | 18 litres. |

On ferme la cuve et quand la température est tombée à 26° Réaumur, on la reporte à 30° et on l'y maintient.

2° Le soir, soit 12 heures après, on soutire le liquide qui est tombé au fond de la cuve et on le reverse de nouveau au moyen de l'arrosoir à pomme, en ayant le soin de le distribuer au-dessus de la cuve sur la surface entière des copeaux.

5° Le lendemain matin, on porte la température à 30 ou 32° Réaumur et on arrose les copeaux d'un mélange de :

Eau-de-vie...................... 2 litres.
Ferment ........................ 1 litre.

On remonte le liquide qui est descendu au fond de la cuve et on en arrose de nouveau les copeaux, toujours de la même manière.

4° Le soir on renouvelle le soutirage et l'arrosage et le lendemain le vinaigre est tout formé. On le soutire et on recommence l'opération.

On introduit de l'air dans la cuve au moyen d'une ouverture pratiquée sur le côté, au tiers environ de la hauteur.

Le ferment employé est de la levure de bière ; à défaut on emploie du ferment factice.

*Vinaigre de mélasse,* prenez :

Mélasse ........................ 60 kilos.
Eau à 35° R...................... 180 litres.
Ferment......................... 3 kilos.

Brassez ce mélange et tenez-le à une température de 25° R. La fermentation s'établit et 15 à 18 jours après la masse est convertie en vinaigre.

*Vinaigre de bière.* — Le vinaigre de bière se fait comme le vinaigre de vin (*Voir : méthode orléanaise*); mais comme la bière est moins riche en alcool que le vin, il faut y ajouter 3 centièmes de mélasse ou 4 centièmes d'alcool à 22° Cartier.

*Vinaigre de cidre.* — Ce vinaigre est excellent ; il se fabrique de la même manière que le vinaigre de vin. Quelquefois une addition de ferment est nécessaire.

*Vinaigre d'alcool par la méthode accélérée.* — A de l'alcool à 20 ou 22° Cartier, mêlez du jus de pommes de terre exprimé, des jus de betteraves ou de plantes quelconque; soit encore du moût d'orge ou de grains, dans les proportions suivantes :

Alcool à 22°. . . . . . . . . . . . . . . . . . . .    12 litres.
Jus . . . . . . . . . . . . . . . . . . . . . . . . .    88 litres.

En tout 100 litres.

Mélangez; faites couler le tout lentement et d'une manière continue, par le moyen de petites cordes disposées sous un récipient, dans un tonneau rempli de copeaux de hêtre acétifiés, comme nous l'avons dit plus haut.

Ce tonneau doit être percé de petits trous aux deux tiers inférieurs de sa hauteur et être munis de petits tubes à son fond supérieur, afin d'entretenir un courant d'air dans l'intérieur.

Le liquide s'échauffe parfois jusqu'à 30° et l'acétification est si rapide qu'en descendant au fond du tonneau le liquide est à moitié acétifié et qu'il suffit de le reverser sur un nouveau tonneau pour opérer l'acétification complète qui se trouve être produite en quelques heures seulement.

*Vinaigre de flegmes.* — Pour éviter de payer les droits de consommation sur l'alcool, on peut distiller des moûts fermentés quelconque à 25° centésimaux et acétifier ces *petites eaux.*

*Remontage.* — Les vinaigres qui sont trop faibles pour la vente se remontent avec de l'acide acétique ou des vinaigres forts préparés exprès en les alcoolisant fortement.

*Décoloration.* — Le vinaigre fabriqué avec du vin rouge est naturellement coloré ; pour en faire du vinaigre blanc il faut donc le décolorer. Pour obtenir ce résultat il faut procéder comme suit :

Pour 100 litres de vinaigre rouge, prenez :

| | |
|---|---|
| Lait bouillant..................... | 2 litres. |
| Poudre décolorante .............. | 100 gr. |

Versez le lait dans le fût. Délayez la poudre décolorante avec un peu de vinaigre, jetez le tout dans le fût et agitez vivement ; agitez tous les jours pendant huit jours, laissez reposer et votre vinaigre sera blanc, sinon remettez 100 grammes poudre décolorante ; agitez de nouveau et filtrez.

*Clarification.* — Le vinaigre se clarifie avec la poudre des vinaigriers ; mais il arrive parfois qu'il reste encore des matières en suspension ; il faut alors filtrer sur des copeaux de hêtre ou de la sciure de ce bois ; mais après les avoir bien lavés à plusieurs eaux et les y avoir même laissés séjourner plusieurs jours.

*Conservation.* — Les vinaigres se conservent très-bien en fûts ; mais il arrive souvent que les vinaigres faibles de vin deviennent troubles quand ils sont exposés à une haute température d'été ; puis, des myriades d'anguilles s'y forment et le décomposent. Dans ce cas, il faut le faire chauffer jusqu'à l'ébullition et le filtrer. Il se conserve ensuite aussi longtemps qu'on le désire.

*Vinaigres d'acide.* — On a introduit depuis bien longtemps déjà dans le commerce des vinaigres résultant du mouillage de l'acide pyroligneux. Ces vinaigres ne sont pas malsains ; mais ils ont un mordant et un goût *sui generis* qui les fait bien vite distinguer des vinaigres ordinaires de vin, de sucre ou d'alcool, ils leur sont très-inférieurs et ont de plus l'inconvénient de blanchir les lèvres et d'agacer fortement les dents.

On a longtemps cherché par plusieurs moyens à détruire ces vices et à rendre ces vinaigres aussi agréables que les vinaigres de vin, de cidre, etc., qui leur sont préférés avec raison. On n'y est parvenu qu'à l'aide d'un produit connu sous le nom d'*arôme du vinaigre* (*Voir aux produits œnologiques*). Voici comment on opère :

Pour 100 litres d'acide allongé prenez :

Arôme du vinaigre................ 1 flacon.
Sel marin........................ 1 kilo.
Eau............................. 3 litres.

Faites dissoudre le sel dans l'eau et filtrez la solution au papier gris, versez dans le fût et agitez pour mélanger. Versez-y alors l'arôme et agitez de nouveau ; puis laissez reposer.

Les 3 litres d'eau ajoutée abaissent le titre du vinaigre ; mais il est facile de le remonter en y rajoutant un peu d'acide.

Cette opération corrige les vices naturels de l'acide et lui donne un très-joli parfum qui imite celui des vinaigres d'Orléans.

Si on veut opérer mieux encore, c'est d'ajouter à la formule ci-dessus 2 litres de sirop de raisin.

*Coloration.* — On demande souvent du vinaigre rouge ; or, comme il est impossible qu'il le soit s'il provient du vin blanc ou de l'acide allongé on lui donne la couleur au moyen de la *coloration rouge*.

# TARIF DES MANQUANTS

ou

**Tableau indicatif des quantités de liquide manquant dans les futailles, selon le creux existant sous bois.**

Nous avons eu souvent besoin de connaître la quantité de liquide manquant dans les fûts et nous avons établi à cet effet un tableau *approximatif* pour remplacer celui de la Régie qui est très-compliqué et très-étendu. Nous croyons donc devoir reproduire ce tableau, afin de servir aux divers usages journaliers. Ainsi que nous venons de le dire, ce tableau n'est pas d'une exactitude rigoureuse ; il varie en raison de la manière dont les fûts sont faits; mais tel qu'il est il peut rendre des services.

| Millimètres de creux SOUS BOIS | TOTAL DES MANQUANTS DANS LE FUT DE | | | | | |
|---|---|---|---|---|---|---|
| | 600 à 650 | 500 à 550 | 400 à 450 | 300 à 330 | 200 à 228 | 100 à 114 |
| millim. | litres. | litres. | litres. | litres. | litres. | litres. |
| 28 | 4 | 3 1/2 | 3 | 2 1/2 | 2 | 1 1/2 |
| 55 | 10 1/2 | 10 | 9 | 6 1/2 | 6 | 5 |
| 85 | 20 | 20 | 19 | 14 | 13 | 9 |
| 110 | 39 | 35 | 30 | 24 | 20 | 15 |
| 135 | 48 | 50 | 45 | 36 | 30 | 22 |
| 165 | 66 | 68 | 60 | 49 | 40 | 29 |
| 193 | 85 | 90 | 72 | 63 | 49 | 37 |
| 220 | 105 | 113 | 91 | 78 | 61 | 45 |
| 250 | 126 | 135 | 111 | 94 | 74 | 53 |
| 275 | 148 | 158 | 129 | 111 | 86 | 61 |
| 300 | 172 | 180 | 150 | 128 | 100 | 68 |
| 333 | 184 | 206 | 171 | 145 | 114 | 75 |
| 360 | 229 | 230 | 192 | 162 | 128 | 82 |
| 390 | 259 | 254 | 215 | 178 | 142 | 88 |
| 415 | 291 | 278 | 235 | 192 | 154 | 94 |
| 440 | 325 | 302 | 255 | 208 | 167 | 100 |
| 470 | 365 | 326 | 274 | 224 | 178 | 105 |
| 500 | 397 | 350 | 228 | 240 | 189 | 109 |
| 525 | 426 | 374 | 304 | 255 | 199 | 114 |
| 550 | 458 | 398 | 319 | 270 | 208 | |
| 580 | 487 | 420 | 335 | 283 | 215 | |
| 600 | 510 | 442 | 350 | 296 | 222 | |
| 636 | 532 | 460 | 365 | 307 | 226 | |
| 666 | 554 | 478 | 378 | 315 | 228 | |
| 690 | 574 | 495 | 390 | 320 | | |
| 720 | 593 | 510 | 402 | 324 | | |
| 748 | 614 | 520 | 411 | 326 | | |
| 776 | 626 | 527 | 415 | | | |
| 800 | 637 | 530 | | | | |
| 823 | 645 | | | | | |
| 854 | 648 | | | | | |
| 880 | 650 | | | | | |

# PRODUITS ŒNOLOGIQUES.

*Liste des Produits œnologiques. — Liste des Produits spéciaux à la Brasserie. — Manière d'employer ces produits.*

Nous entendons parler ici des produits œnologiques propres à l'amélioration, à la clarification et à la fabrication des vins et spiritueux. Chaptal, Lenoir, Cadet de Vaux et beaucoup d'autres se sont occupés de ces produits et les ont recommandés. Olivier de Serres et l'abbé Rozier en ont aussi parlé avant eux. On voit qu'il ne s'agit pas de chose nouvelle. Cependant, il n'y a que depuis quelques années que ces produits ont pris de l'importance, de l'utilité et de la vogue : les mauvaises récoltes en vins et en alcools ont été la cause déterminante de leur développement.

Malgré la défaveur jetée sur ces produits par certaines créations nouvelles imparfaites, ils ont rendu de grands services soit au commerce, soit au consommateur ; au consommateur surtout, car grâce à eux il a pu boire des vins passablement agréables au lieu de piquette malsaine, et des eaux-de-vie potables au lieu de cet exécrable 3⁄6 de betteraves simplement allongé ou mouillé.

Quelques gens, soit par habitude ou par ignorance, soit par calcul ou systématiquement, disent encore qu'ils préfèrent le vin ou l'eau-de-vie qui n'ont pas été *travaillés*, c'est leur expression. Pourquoi ? ils ne sauraient le dire ; puisque ces substances sont à l'épreuve et qu'il est bien reconnu qu'elles sont d'une inocuité parfaite. Il faut donc rendre justice à la chimie et reconnaître avec nous qu'elle a fait le plus grand bien en substituant aux recettes empiriques et malsaines de la routine des formules efficaces et hygiéniques.

Jadis les marchands de vin n'avaient aucune idée, aucun guide sérieux dans ce travail; on en a vu adoucir les vins aigres avec de la litharge et du sulfate de cuivre les plus terribles poisons. Cela n'est plus à craindre aujourd'hui, et pour rassurer ceux qui auraient encore de la répugnance à employer ces produits, nous leur dirons que nous avons bu en une seule journée assez de substances pour améliorer et parfumer plus de cinq pièces de vin, et cela sans nous en trouver plus incommodé que si nous n'eussions rien pris.

Que l'on ne joue donc plus sur le mot *travaillé*. Est-ce que nous buvons, mangeons, quelque chose de naturel? Est-ce que nous faisons quoique ce soit de naturel? Est-ce qu'il est naturel de faire du feu, d'écrire, de commercer, de s'instruire, de se vêtir, de se prêter assistance? Est-ce qu'il est naturel d'avoir des lois, un gouvernement; de se faire la barbe et de se couper les cheveux.? Tout ce qui est utile et même indispensable n'est donc pas toujours naturel, et l'homme comme tout autre chose a besoin d'être *travaillé*. Le beurre, le fromage sont du lait *travaillé*. Les compotes, les confitures sont des fruits *travaillés*. Nos vêtements sont de la laine, du coton *travaillés*. Les biscuits, le pâté, le gâteau, la galette, sont de la pâte *assaisonnée*, *travaillée*, et ils n'en sont pas plus mauvais pour cela. Le vin est du raisin *travaillé*; travaillons-le donc le mieux possible pour le rendre meilleur, lui et ses produits: eaux-de-vie et liqueurs.

15

Nécessité fait loi. On manquait d'eaux-de-vie, on a dû, pour subvenir à la consommation de bouche, recourir aux 3⁄6 d'industrie et l'*essence de Cognac* a joué un rôle important dans cette manipulation. Il est vrai que la spéculation, qui se mêle à tout, est venue inonder les négociants en liquides d'une foule de produits inertes pour améliorer les alcools et eaux-de-vie. Ainsi on a vendu, sous le nom d'essence de Cognac, des solutions de tartre, des infusions et décoctions de plantes, de racines, des eaux distillées de bourgeons de vigne, choses plus ou moins inutiles et inertes; puis, sont venues les mixtions de toute nature, telles que l'éther acétique et nitrique, l'acide sulfurique et autres préparations plus ou moins dangereuses. L'essence de cognac a eu à lutter contre toutes ces diverses imitations, au moment même où elle n'était pas sans reproche; car de même que tous les produits qui viennent de naître, elle demandait à être perfectionnée pour remplir son but. Aujourd'hui, ce produit est excellent et jouit d'une vogue méritée.

Il en a été de même des bouquets des vins. Qui oserait se plaindre de voir remplacer par un parfum agréable ces détestables goûts de terroir, d'herbe pourrie, de fumier, de gadoue, etc.? Quel est celui qui préférera l'odeur du fumier à ces bouquets délicieux, à ce goût de noisette, de mille fleurs qui font l'agrément des vins renommés de la Bourgogne? S'il existe quelqu'un capable de le faire, qu'on laisse cet être sans palais et sans goût savourer ces ordures à son aise!....

N'est-ce pas une bonne fortune, un bienfait que de pouvoir rendre agréable un vin qui a un goût de terroir désagréable. N'est-ce pas une chose précieuse de rendre à un vin vieux et fin le bouquet qu'il a perdu ? Est-ce qu'un tel vin n'est pas déchu ? C'est bien une fleur encore ; mais une fleur sans odeur. Ajoutons-y donc ce qui lui manque : un bouquet de Bourgogne ou de Bordeaux feront renaître instantanément les charmes qu'il avait perdus.

Le bon marché a envahi la distillation comme les autres branches d'industrie. Ajoutez a cela le besoin de faire rapidement et vous verrez que les *Extraits pour liqueurs* ont leur raison d'être aussi bien que le reste. Grâce à eux on peut faire de très-bonnes liqueurs en quelques heures. Ces produits sont d'une pureté parfaite, et s'ils sont inférieurs sous quelques rapports à ceux qui proviennent d'une bonne distillation ; ils sont incomparablement meilleurs que ceux fabriqués avec certains distillés et avec les huiles essentielles dont l'âcreté persistante, la saveur fausse et l'odeur de rance ont fait justice depuis longtemps.

La clarification a été de tout temps l'objet des plus sérieuses recherches. La liste des produits œnologiques est riche en agents de clarification : ces agents sont les plus prompts, les plus sûrs, les meilleurs et les plus économiques de tous ceux connus.

En présence des moyens que la science met au pouvoir des propriétaires de vignes et des négociants, quiconque vend un vin trouble ou nauséabond est un ignorant ou un homme de mauvaise foi ; parce que tout liquide qui est salubre doit être de bon goût et parfaitement limpide. S'il ne possède pas ces deux qualités c'est qu'il a été impossible de les lui donner, et dans ce cas il doit être rejeté comme malsain, parce qu'il est malade et qu'on n'a pas su le traiter, et dans ce cas encore l'acheteur doit le repousser comme une marchandise dangereuse et sans valeur. Le mauvais goût et le défaut de transparence sont les vices rédhibitoires des liquides ; c'est à l'acheteur à faire consacrer cette idée toute pratique et contre laquelle nulle puissance ne saurait légitimement conclure. Tout vin trouble peut être rendu à son vendeur, comme marchandise avariée.

Nous allons donner la liste de tous les produits œnologiques connus, en invitant ceux qui n'en ont pas encore usé à en essayer et à mettre toute la persistance possible à en étudier les usages et l'action. Ils verront bien vite que notre expérience a raison contre toutes les théories et contre la routine.

## LISTE DES PRODUITS ŒNOLOGIQUES.

*Ces produits sont fabriqués par MM. F. Lebeuf et Cᵒ, d'Argenteuil, dont les dépôts sont à Paris ; mais si l'on veut recevoir promptement, on devra s'adresser directement à la fabrique, à MM. Lebeuf et Cᵒ, à Argenteuil (près Paris).*

*Nous donnons la nomenclature et les prix pour la facilité de ceux qui ne connaissent pas les prix-courants de la maison. Pour ne pas donner trop d'extension à cette liste, nous avons supprimé plusieurs produits.*

*Anti-mer*, le demi-kilo pour cinq pièces de 230 litres. 6 fr.
*Arôme de Couvet*, le flacon. . . . . . . . . 2 fr. 60
*Arôme de vinaigre*, pour améliorer les vinaigres d'acide, le flacon pour 100 litres. . . . . . . . . . . . 4 fr.
*Bouquet de Pomard et de Bourgogne*. Donne au vin le goût et le parfum du vin vieux. Le flacon pour 230 litres. . . 5 fr.

*Bouquet de raisin ou* (de cognac, le demi-litre pour 100 litres. . . . . . . . . . . . . . . 6 fr.
*Caramel raisin,* les 100 kilos net . . . . . 130 fr.
*Capsules en étain* pour coiffer les bouteilles.
*Charentaise,* pour colorer les eaux-de-vie de vin, leur donner le goût et la couleur des eaux-de-vie de la Charente, le litre pour 12 hectolitres (60 centimes l'hectolitre). . . . 7 fr.
*Coloration ou Teinte Bordelaise,* pour colorer le vin, l'hectolitre . . . . . . . . . . . . de 100 à 150 fr.
*Couleurs rouge* pour liqueurs et sirops. Pour 100 litr. 6 fr.
*Couleurs pour curaçao et bitter,* pour les colorer et les faire rougir avec l'eau, la dose liquide, pour 100 litres. . . . 2 fr.
*Essence de Cognac.* Prix du flacon pour un hectolitre. 5 fr.
*Essences de Madère, Muscat, Malaga, Alicante, Vermouth, Porto, Lacryma-Christi, Grenache, Xérès, Tokai, etc.,* pour les fabriquer avec du vin ordinaire. La dose pour 25 lit. 6 fr.
*Essence de Punch au rhum, au kirsch, de punch-Grassot,* la dose pour en faire 25 litres. . . . . . . . . 5 fr.
*Essence de Rhum,* essence de *Kirsch,* extrait concentré d'absinthe, pour les faire avec l'alcool, la dose pour 50 litr. 6 fr.
*Essences de Sirops,* pour faire sirops de groseilles, de framboises, d'orgeat, de vinaigre, etc., la dose pour 25 litr. 5 fr.
*Extraits parfumés,* pour fabriquer les liqueurs, telles que anisette, chartreuse, raspail, curaçao, noyaux, bitter. La dose pour 25 litres. . . . . . . . . . . . . 4 fr.
*Extrait de pineau.* Cet extrait parfume et conserve les vins, il leur donne la teinte jaune des vins vieux. Prix du flacon pour 250 litres. . . . . . . . . . . . . 5 fr.
*Extrait de Bordeaux ou Sève de Médoc.* Un flacon suffit pour une barrique de 230 litres, prix. . . . . . . . 2 fr.
*Gélatine anglaise.* Le demi-kilo, pour 25 à 50 pièces. 4 fr.
*Huile d'Armagnac,* pour donner aux eaux-de-vie de betteraves et de grains le goût de vin pour un hectolitre. 4 fr.
*Maladies des Vins.* (Indiquer la maladie.) dose pour les guérir de . . . . . . . . . . . . 1 fr. à 3 fr.
*Poudre anglaise* pour clarifier les vins, les bonifier et augmenter de suite le bouquet, le demi-kilo pour 30 à 40 pièces. 5 fr.
*Poudre clarifiante des eaux-de-vie* pour clarifier, affiner les eaux-de-vie et faire sortir leur bouquet, le demi-kilo. 6 fr.
*Poudre des vins de Bordeaux et de la Gironde,* seul agent prompt, sain, infaillible et économique, pour clarifier les vins de Bordeaux, le demi-kilo pour 30 à 35 barriques. . . 5 fr.
*Poudre des vins de Bourgogne,* pour les clarifier, les conserver

et les dépouiller, le demi-k. pour 30 à 35 pièces de 230 lit.   5 fr.

*Poudre des vins du Midi*, pour les clarifier, les conserver et arrêter l'aigre, le demi-kilo pour 25 pièces. . . . .   5 fr.

*Poudre décolorante* pour décolorer et clarifier les vins blancs et vinaigres, le demi-kilo pour 20 pièces. . . . . .   5 fr.

*Poudre des vins mousseux*, le demi-kilo pour 50 hect.   6 fr.

*Poudre graduée, système Julien*, pour la clarification et la bonification des vins ; prix du demi-kilogr. pour clarifier de 25 à 50 pièces. . . . . . . . . . . .   5 fr.

N° 1, clarifie tous les vins rouges. N° 2, les vins nouveaux. N° 3, les vins gras. N° 4, ceux qui ont un goût de terroir ou de fût. Le paquet pour 230 litres : n° 1, 25 c. — n° 2, 40 cent. — n 3, 50 cent. — n° 4, 60 centimes.

*Poudre filtrante des distillateurs*, le demi-kilo. . .   5 fr.

*Poudre revivifiante*, pour enlever aux eaux-de-vie et 3/6 le goût de fût, de moisi, et., le demi-kilo. . . . .   5 fr.

*Poudre des vins de liqueurs et Vermouths* pour les clarifier, affiner et vieillir, le demi-kilo pour 50 hectolitres. . .   5 fr.

*Rancio.* Un flacon suffit pour vieillir un hectolitre d'eau-de-vie. Prix du flacon. . . . . , . . . . .   5 fr.

*Rancio des vins*, donnant à tous les vins le goût de vieux (Rancio) si recherché, le demi-litre pour 230 litres.   4 fr.

*Sirop blanc de fécule perfectionné*, pour la fabrication des liqueurs et sirops.

*Sirop de raisin*, préparé spécialement pour le dédoublage des 3/6 et le mouillage des eaux-de-vie, les 100 k. net.   110 fr.

*Sève de Beaune*, pour donner au vin le goût et le bouquet des vins de la côte de Beaune, le flacon pour 230 litres.   5 fr.

*Sève de Chablis*, pour donner aux vins blancs le montant et le bouquet des vins fins de Chablis, flacon pour 230 lit.   2 fr. 50

*Sève de Médoc*, (dite Saint-Julien), pour donner du parfum aux vins, augmenter leur bouquet, le flacon pour 230 litres . . . . . . . . . . . . . .   1 fr. 25

*Sève de Sillery*, le flacon pour 230 litres. . . . .   5 fr.

*Sève des vins blancs vieux.* Donne aux vins blancs ordinaires le bouquet et la sève des vins blancs fins et vieux ; la dose pour 230 litres . . . . . . . . . . . . ,   2 fr.

*Vieillisseur des vins.* Vieillit, adoucit et clarifie les vins nouveaux. Prix du flacon pour une pièce de 230 litres.   5 fr.

*Fin de couleur*, pour teinter les vins, l'hect. de 100 à 150 fr.

# PRODUITS POUR LA BRASSERIE.

AMER-HOUBLON, en poudre, pour remplacer le houblon. Un demi-kilo peut en remplacer 15 kilos.　　　　　6 fr.

ARÔME DE LA BIÈRE DE BAVIÈRE. Un demi-kilo de cette pâte suffit pour parfumer 100 hectolitres de bière. Ce produit communique à toutes les bières l'arôme et le goût des meilleures bières de Bavière. Prix du demi-kilo.　　　　　5 fr.

BIÈRE DE MARS. Ce produit donne aux bières d'été le goût des bières fabriquées en hiver, il conserve et améliore la bière d'une manière notable. Le demi-kilo pour 50 hect.　.　5 fr.

EXTRAIT DE PORTER, pour donner aux bières ordinaires le parfum, le goût et la saveur des meilleures bières anglaises. La dose pour 2 hectolitres.　　　　　2 fr. 50

FERMENT OU LEVURE CHIMIQUE pour rafraîchir la levûre de bière, régulariser la fermentation. Le kilo.　　　　　7 fr.

LEVURE ANGLAISE pour modifier le travail de la fermentation d'été. Le kilo pour 35 à 50 hectolitres.　　　　　7 fr.

MOUSSE-BIÈRE, poudre pour faire mousser la bière en bouteilles, en 24 heures; le demi-kilo suffit pour 1,000 à 1,200 bouteilles. Prix des 250 grammes, 2 fr.; du demi-kilo.　5 fr.

POUDRE DES BRASSEURS, pour la clarification de la bière, le kilo pour 50 hectolitres.　　　　　8 fr.

POUDRE BROWN pour dégraisser la bière filante. Le demi-kilo suffit pour 6 à 8 hectolitres,　　　　　4 fr.

POUDRE-COLLE DES ANGLAIS, une cuillerée de cette poudre suffit pour clarifier un hectolitre de bière, le kilo.　　8 fr.

POUDRE TRUMANN, pour désacidifier la bière, arrêter la fermentation acéteuse, demi-kilo, pour 10 à 15 hectolitres.　4 fr.

----

*Manière d'employer les produits œnologiques.* Bien que nous ayons indiqué la manière d'employer chaque produit dans le cours de cet ouvrage, nous avons cru devoir l'indiquer de nouveau ici, pour la facilité des recherches.

*Poudres.* Sous le nom de poudres nous comprenons la *poudre anglaise, la poudre clarifiante des eaux* de-vie, *la poudre des vins de Bordeaux, de Bourgogne et du Midi, la poudre décolorante, la poudre des vins mousseux, la poudre système Julien, la poudre filtrante des distillateurs, la poudre revivifiante et la poudre des vins de liqueurs et vermouth.* Pour les employer de manière à en obtenir tout le résultat voulu, il faut opérer comme il suit :

Délayez la quantité de poudre indiquée en versant dessus un peu d'eau froide, pour en faire une pâte que vous convertissez en bouillie en ajoutant un peu plus d'eau et en pétrissant ou remuant avec une cuiller. Continuez d'ajouter de l'eau pour rendre la bouillie plus claire, jusqu'à concurrence d'un demi-litre. Cela fait, prenez un balai d'osier et fouettez en ajoutant toujours de l'eau pour opérer la solution complète et en employant environ un litre à deux litres d'eau pour le vin et un demi litre à un litre pour les liqueurs et eaux-de-vie, vins de liqueurs et vinaigres.

Pour l'eau-de-vie, on peut employer un verre d'eau et délayer ensuite avec de l'eau-de-vie. Pour les vins on peut également n'employer que la même quantité d'eau et achever la solution avec du vin. Cette manière d'opérer est préférable pour les vins fins et les eaux-de-vie dont on craint d'abaisser le degré et auxquels on tient à conserver toute leur force et leur pureté.

Quand la solution est complète et bien faite, il faut débonder, donner un coup de fouet au liquide, verser la solution ou colle, agiter vivement pendant quelques minutes et bonder.

Si on veut une clarification prompte, on peut augmenter la dose d'un tiers à la moitié et même la doubler.

*Bouquets des vins.* Le *bouquet de Pomard et de Bourgogne, l'extrait de pineau, l'extrait de Bordeaux, le rancio des vins, les sèves de Beaune et de Cháblis, de St-Julien ou Médoc et de Sillery,* s'emploient de la manière suivante :

Versez dans le vin ; puis donnez un coup de fouet et bondez hermétiquement.

Si le vin a besoin d'être collé et soutiré, il ne faut ajouter le bouquet qu'après soutirage, car cette opération enlève toujours une certaine partie de l'arôme qui n'est pas encore combiné avec le vin.

Il faut avoir soin de bien bonder, pour que le vin se parfume complètement et pour éviter l'évaporation.

*Extraits pour liqueurs.* Versez l'extrait dans l'alcool, mêlez, bouchez et laissez en repos pendant une heure ou deux ; agitez de nouveau ; puis, mêlez au sirop, en remuant le mélange. Collez à la poudre filtrante et laissez reposer 4 ou 5 jours avant de filtrer.

*Essence de cognac, bouquet de raisin, essence de vin, huile d'Armagnac, Rancio.* Versez dans un litre d'eau-de-vie et mélangez, mettez dans le fût et agitez vivement pour bien opérer le mélange et bondez hermétiquement.

*Essence de rhum, de kirsch, d'absinthe.* On opère comme il vient d'être dit pour les produits relatifs à l'eau-de-vie.

*Essence de vins de liqueurs. Vermouth et punch.* On verse l'essence dans l'eau-de-vie, on agite le mélange, puis on verse dans le vin.

*Gélatine.* On fait ramollir la gélatine dans de l'eau froide pendant 3 ou 4 heures ; puis on opère la dissolution à l'aide d'un feu doux et on la verse dans le fût, en ayant la précaution d'agiter avant et après.

La gélatine ne convient que pour le collage des vins très-colorés et très-forts ; parce qu'elle les décolore et les affaiblit avec une grande énergie.

*Maladies des vins.* Pour ne pas nous répéter, nous renvoyons à l'article *maladies des vins*, pour avoir l'indication complète du mode d'emploi des substances employées à la guérison ou au traitement des altérations qui surviennent aux vins.

*Vieillisseur des vins.* Faire dissoudre dans un litre ou deux d'eau, fouetter le vin, y introduire la solution ; fouetter de nouveau et coller à la poudre anglaise. Soutirer au bout de huit jours.

Pour donner plus d'énergie à l'action du produit, il faut, quand le vin est très-dur et âpre, ne le coller que trois ou quatre jours après qu'on y a introduit *le vieillisseur* ; remuer tous les jours deux fois, pour faire remonter les substances qui se sont précipitées et les remettre en contact avec le vin ; puis, alors procéder au collage avec la gélatine anglaise.

Pour les autres produits, la manière d'opérer est plus simple encore ; nous nous dispenserons d'entrer dans des détails à ce sujet ; car le mode d'emploi est connu de tout le monde.

FIN.

# TABLE DES MATIÈRES.

Imp. Vᵉ Rodet, à Châtillon.

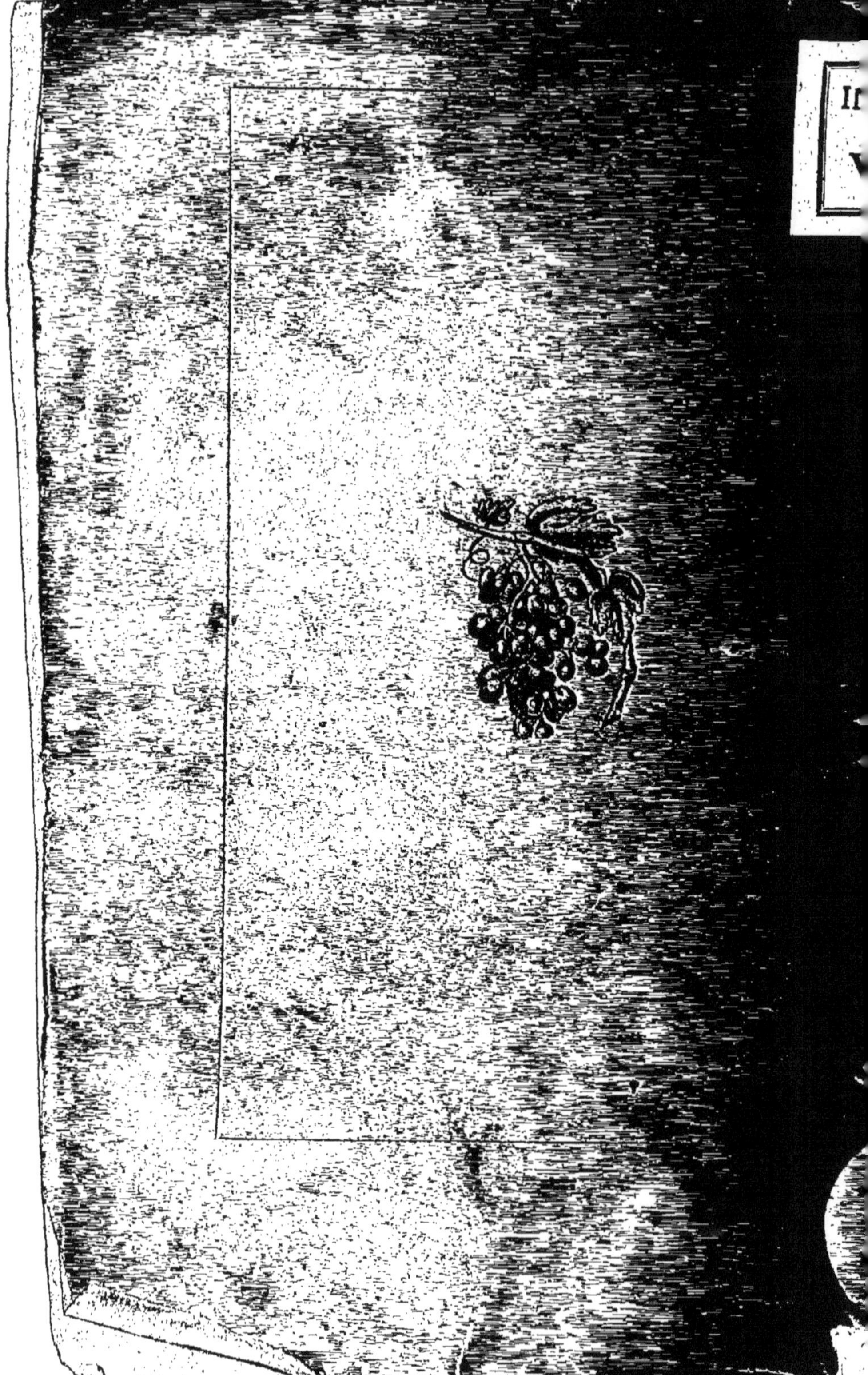